Optimierung des Wasserhaushalts eines PEM-Brennstoffzellenaggregats

Optimierung des Wasserhaushalts eines PEM-Brennstoffzellenaggregats

Von der Fakultät für Maschinenbau
der Technischen Universität Carolo-Wilhelmina zu Braunschweig

zur Erlangung der Würde

eines Doktor-Ingenieurs (Dr.-Ing.)

genehmigte Dissertation

von:	Dipl.-Ing. Rune Staeck
gebürtig aus:	Lübeck

eingereicht am:	12.04.2013
mündliche Prüfung am:	03.09.2013

Referenten:

Prof. Dr. techn. Reinhard Leithner	(Referent/Betreuer)
Prof. Dr.-Ing. Stephan Scholl	(Referent)
Prof. Dr.-Ing. Ulrike Krewer	(Vorsitzende)

2013

Bibliografische Information der Deutschen Nationalbibliothek
Die Deutsche Nationalbibliothek verzeichnet diese Publikation in der Deutschen Nationalbibliografie; detaillierte bibliografische Daten sind im Internet über http://dnb.d-nb.de abrufbar.
1. Aufl. - Göttingen: Cuvillier, 2014
Zugl.: (TU) Braunschweig, Univ., Diss., 2013

Nonnenstieg 8, 37075 Göttingen
Telefon: 0551-54724-0
Telefax: 0551-54724-21
www.cuvillier.de

1. Auflage, 2014
Gedruckt auf umweltfreundlichem, säurefreiem Papier aus nachhaltiger Forstwirtschaft

ISBN 978-3-95404-756-7
eISBN 978-3-7369-4756-6

Kurzfassung

Der Klimaschutz, die unerwünschte Abhängigkeit von den fossilen Energieträgern und das vitale Interesse der Gesellschaft, den Energieverbrauch bei gleich bleibendem Wohlstand und steigendem Ölpreis durch mehr Effizienz zu verringern, geben den Ausschlag zum nachhaltigen Umgang mit Energie. Der Trend zur nachhaltigen Mobilität lässt die Volkswagen AG im Zuge der Elektrifizierung von Fahrzeugen den Polymer-Elektrolyt-Membran (PEM)-Brennstoffzellenantrieb entwickeln.

Das Ziel der vorliegenden Arbeit ist die Optimierung des Wasserhaushalts des Brennstoffzellenaggregats HyMotion4 der Volkswagen AG mit dem Fokus auf dem Membran-Befeuchter, dem Austragen von Kondensat aus den Strömungskanälen der Brennstoffzellen und dem Kondensatabscheider.

Der Membran-Befeuchter reichert die Reaktionsluft mit Wasser an, das aus der Abluft separiert wird. Durch die vorgestellte Methode, die Computational Fluid Dynamic (CFD)-Simulationen mit Experimenten verbindet, wird die Permeabilität der Befeuchter-Membranen für Wasser bestimmt. Die Permeabilität, dimensionslose Kennzahlen und die charakteristischen Betriebsbedingungen des Brennstoffzellenaggregats liefern die Befeuchter-Geometrie und dessen Strömungswiderstand. Anhand der Baugröße und des Strömungswiderstands werden die Investition und die Betriebskosten des Befeuchters berechnet und minimiert.

Übermäßige Befeuchtung der Reaktionsluft, Lastwechselvorgänge, die zu Druckänderungen führen, und die inhomogene Gasversorgung der Brennstoffzellen im Stapel können sich in der Kondensation von Wasserdampf in den Zellen auswirken. Die zum Austrag des Kondensats erforderliche Druckdifferenz wird unter Anwendung der CFD-Methode unter Berücksichtigung der Adhäsion berechnet. Aus der Druckdifferenz werden die erforderlichen Ströme an Reaktionsgasen berechnet, die den Austrag von Kondensat und infolge dessen den stabilen Betrieb sicherstellen.

Die ausgetragenen Kondensattropfen werden auf der Anodenseite aus dem Wasserstoffstrom durch den Kondensatabscheider abgeschieden, weil das Anodenabgas dem frischen Wasserstoff beigemengt wird und der Eintrag von Kondensat in die Brennstoffzellen die Reaktion beeinträchtigt. Der axiale Kondensatabscheider wird hinsichtlich des Abscheidegrades, der Baugröße und des Strömungswiderstands ebenfalls unter Anwendung der CFD-Methode optimiert.

Abstract

The climate protection, the undesirable dependence on fossil fuels and the public's vital interest to reduce the energy consumption at constant prosperity and rising oil prices through greater efficiency, are determining factors for sustainable energy supply. The trend towards sustainable mobility inspires the Volkswagen AG to develop the polymer electrolyte membrane (PEM) fuel cells as part of the electrification of vehicles.

The aim of the present work is to optimize the water balance of the fuel cell system HyMotion4 developed by Volkswagen AG, emphasizing the membrane humidifier, the motion of condensate out of the fuel cell's flow channels and the condensate separation.

The membrane humidifier enriches the reaction air with water which is separated from the exhaust air. Through the proposed method, which combines computational fluid dynamics (CFD) simulations and experiments, the membrane water permeability is determined. Permeability, dimensionless numbers and HyMotion4 characteristic operating conditions lead to the humidifier geometry and its flow resistance. Based on geometry and flow resistance the investment and operating costs of the humidifier are calculated and minimized.

Excessive humidification of reaction air, load changes, which lead to changes in pressure, and the non-homogeneous gas supply of the fuel cell in the stack result in the condensation of water vapor in the cells. The required pressure difference for condensate motion is calculated using the CFD method and considering adhesion. From the pressure difference, the required amount of reaction gas flow ensuring condensate motion and finally the stable operation is determined.

On the anode side, the condensate that is carried out of the fuel cells, has to be separated from the hydrogen flow by the condensate separator to avoid the entry of condensate into the fuel cell, since the anode exhaust gas is mixed with the fresh hydrogen. In order to design the axial condensate separator, its geometry is optimized concerning separation efficiency, size and flow resistance using also the CFD method.

Vorwort

Die vorliegende Arbeit entstand während meiner Tätigkeit als wissenschaftlicher Mitarbeiter am Institut für Wärme- und Brennstofftechnik (IWBT) und am Institut für Energie- und Systemverfahrenstechnik (InES) der TU Braunschweig. An dieser Stelle gilt mein besonderer Dank meinem Doktorvater Herrn Prof. Dr. techn. Reinhard Leithner für die Betreuung meiner Arbeit und richtungweisenden Ideen. Zudem danke ich Prof. Dr.-Ing. Stephan Scholl für hilfreiche Gespräche und die Übernahme des Koreferats sowie Prof. Dr.-Ing. U. Krewer für die Unterstützung und die Übernahme des Prüfungsvorsitzes. Danken möchte ich weiterhin Dr.-Ing. Oliver Berger der Volkswagen AG für das entgegengebrachte Vertrauen und den wissenschaftlichen Austausch. Für eine wunderbare Zeit und das angenehme Arbeitsklima danke ich meinen Kollegen vom IWBT und vom InES. Den Mitarbeitern der Konzernforschung Brennstoffzelle, die mich direkt oder indirekt bei der Durchführung der Arbeit unterstützt haben, sei herzlich für die gute Zusammenarbeit und den fachlichen Austausch gedankt. Bei den von mir betreuten Studenten bedanke ich mich für die persönliche und fachliche Bereicherung. Der größte Dank gilt meiner Lebenspartnerin Angelica und meinem Sohn Luuk, die während der Promotionszeit viel auf mich verzichten mussten, meiner Mutter und meinem Vater, die mir die Ausbildung ermöglicht haben.

Inhaltsverzeichnis

1. Einleitung

Der Mensch hat mit dem Beginn der industriellen Revolution seinen wachsenden Energiebedarf durch fossile Energieträger gedeckt und zunehmend in den natürlichen Kreislauf der Natur eingegriffen. Als direkte Folge wird der so genannte Klimawandel mit einer globalen Temperaturerhöhung durch die weitere Steigerung der Treibhausgas[1]-Emissionen, die unter anderem aus der Verbrennung von fossilen Energieträgern resultieren, befürchtet. Um der Klimaveränderung entgegenzuwirken, haben die Industrienationen 1997 ein Klimaschutzabkommen verabschiedet. Im Kyoto-Protokoll hat Deutschland sich verpflichtet, ein Reduktionsziel von 21 % CO2-Äquivalenten zu erreichen [Nat97]. Neben dem Klimaschutz gibt des Weiteren die unerwünschte Abhängigkeit von den fossilen Energieträgern [Age10] und das vitale Interesse der Gesellschaft, den Energieverbrauch bei gleich bleibendem Wohlstand und steigendem Ölpreis [SZ03] durch mehr Effizienz zu verringern [Hen04], den Ausschlag zum nachhaltigen Umgang mit Energie.

Der Trend zur nachhaltigen Mobilität lässt die Automobilindustrie neue Antriebskonzepte entwickeln. Ein Konzept der Volkswagen AG ist die Elektrifizierung des Automobils durch einen Brennstoffzellenantrieb [(Hr09]. Dieser zeichnet sich dadurch aus, dass er mit der direkten Umwandlung von chemischer in elektrische Energie nahezu keine lokalen Emissionen verursacht und dass der Wirkungsgrad[2] des Brennstoffzellenantriebes von 30 bis 40 % den eines Verbrennungsmotors von typischerweise 18 bis 24 % übertrifft [RRD11]. Der Brennstoffzellenantrieb nutzt die Besonderheiten des elektromotorischen Antriebs und bietet einem Batteriefahrzeug gegenüber eine schnellere Betankung und eine größere Reichweite.

Für diesen Antrieb favorisiert die Volkswagen AG die Polymer-Elektrolyt-Membran (PEM)-Brennstoffzelle, die mit Luftsauerstoff und Wasserstoff betrieben wird. Beim Betrieb der Brennstoffzellen spielt der Wasserhaushalt eine entscheidende Rolle. Die Membranen der Brennstoffzellen trocknen aus, wenn die Reaktionsgase zu wenig Wasser in die Zellen einbringen, so dass der Protonenfluss durch die Membran und infolgedessen die Leistungsabgabe stark verringert werden. Tragen die Reaktionsgase zu viel Wasser in die Zellen ein, kann es zur

[1] CO_2, CH_4, N_2O und andere Gase

[2] Bezogen auf den neuen Europäischen Fahrzyklus (NEFZ)

Kondensatbildung und aufgrund dessen ebenfalls zur Beeinträchtigung der Umsetzung des Wasserstoffs kommen.

In der vorliegenden Arbeit wird der Wasserhaushalt des Brennstoffzellenaggregats HyMotion4 optimiert. Der Fokus liegt auf den den Wasserhaushalt regulierenden Komponenten Membran-Luftbefeuchter und Kondensatabscheider sowie der Bestimmung von Betriebsbedingungen, die den stabilen Betrieb ohne Beeinträchtigung der Strömung durch Kondensat sicherstellen.

2. Stand der Technik

In diesem Kapitel wird der aktuelle Stand der Technik des Brennstoffzellenaggregats, dessen Wasserhaushaltes, der Einsatz von Kondensatabscheidern und Membranbefeuchtern vorgestellt.

2.1. Brennstoffzellenaggregat

2.1.1. Allgemeines

Das Brennstoffzellenaggregat[3] ist eine Spezifizierung des Brennstoffzellensystems[4]. Der Unterschied zwischen einem Brennstoffzellensystem und einem Brennstoffzellenaggregat ist im begrifflichen wie auch im technischen Sinn in der Kompaktheit der Anordnung zu sehen. Das Brennstoffzellenaggregat besteht aus der kompakten Anordnung der Brennstoffzellen und den Komponenten, die für die Bereitstellung und Konditionierung der Reaktionsgase und die Temperierung der Zellen benötigt werden.

In der Abbildung 2.1 sind der Aufbau und die Funktionsweise der PEM-Brennstoffzelle dargestellt. In der PEM-Brennstoffzelle wird die elektrochemische Reaktion von Wasserstoff mit Sauerstoff zu Wasser durch die Einfügung der Protonaustauschmembran (PEM) zwischen die Anode und die Kathode in die beiden Teilschritte Oxidation (Elektronenabgabe) und Reduktion (Elektronenaufnahme) aufgeteilt. Da die PEM nicht elektrisch leitend ist, erfolgt eine Ladungstrennung, die als Spannungsquelle genutzt werden kann. Das Anodengas beinhaltet das Brenngas Wasserstoff, das dem anodenseitigen Katalysator über die Kanäle in der Bipolarplatte (BPP), die Gasdiffusionsschicht (GDL)[5] und die mikroporöse Schicht (MPL)[6] zugeführt wird. Die Umsetzung von Wasserstoffmolekülen H_2 in Protonen H^+ (vgl. Gleichung (2.1)) ermöglicht der Katalysator (z.B. Platin) unter Elektronenabgabe e^- in der Katalysatorschicht (CL)[7]. Über den mit dem Platin verbundenen Kohlenstoff werden die Elektronen durch die MPL und

[3] Lateinisch: aggregare bedeutet „ansammeln" oder „beigesellen".
[4] Spätlateinisch: systema bedeutet „aus mehreren Teilen zusammengesetzt u. gegliedert"
[5] Englisch: gas diffusion layer
[6] Englisch: microporous layer
[7] Englisch: catalyst layer

GDL über die Bipolarplatte zum Verbraucher geleitet. Die Protonen bewegen sich durch die PEM zur kathodenseitigen Katalysatorschicht der Brennstoffzelle, um mit dem Luftsauerstoff O_2 des Kathodengases und Elektronen Wasser zu bilden (vgl. Gleichung (2.2)). Die Gesamtreaktion ist in Gleichung (2.3) dargestellt.

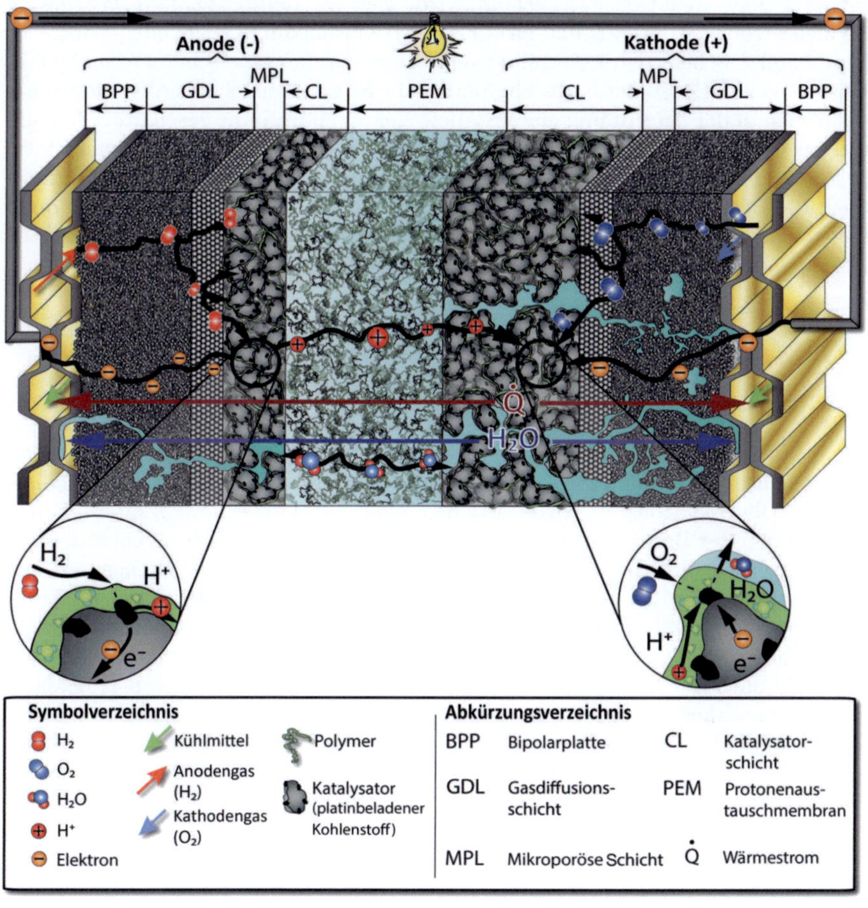

Abb. 2.1.: Aufbau und Funktionsweise der Protonenaustauschmembran (PEM)-Brennstoffzelle

$$\text{Oxidation} : 2H_2 \rightarrow 4H^+ + 4e^- \quad (2.1)$$

$$\text{Reduktion} : O_2 + 4e^- + 4H^+ \rightarrow 2H_2O \quad (2.2)$$

$$\text{Gesamtreaktion} : 2H_2 + O_2 \rightarrow 2H_2O \quad (2.3)$$

Das Produktwasser kann in dampfförmiger und flüssiger Form anfallen, da Betriebstemperatur und -druck ein Kondensieren zulassen. Zusätzlich wird unabhängig vom Sättigungszustand in der Kathode Wasser gebildet und aus dem Anodengas Wasserstoff für die Reaktion entnommen, wodurch die relative Feuchtigkeit beider Reaktionsgase erhöht wird. Bei der Reduktion fällt Wärme an (Wärmestrom $\dot{Q}$), die an das zirkulierende Kühlmedium abgegeben wird. Die Brennstoffzelle liefert eine lastpunktabhängige Spannung zwischen 1 V und 0,6 V. Um ein technisch anwendbares Spannungsniveau zu erreichen, werden die Brennstoffzellen in der Anordnung eines Stapels elektrisch in Reihe geschaltet. Ausführungen des Aufbaus von Brennstoffzellenstapeln sind in der verfügbaren Literatur [Rug03, Ben10, EK12] behandelt. Der Brennstoffzellenstapel ist das Kernelement des Brennstoffzellenaggregats. Ein vereinfachtes Schaltschema eines Brennstoffzellenaggregats[8] ist in der Abbildung 2.2 dargestellt. Die den Brennstoffzellenstapel umgebenen Bauteile können in

- Luftversorgung,
- Wasserstoffversorgung und
- Kühlung

gegliedert werden und dienen der Konditionierung (Druck, Temperatur und Gaszusammensetzung) der Reaktionsgase sowie Temperierung des Brennstoffzellenstapels. Die Reaktionsluft wird der Umgebung entnommen und gefiltert. Durch den Betrieb der Brennstoffzelle bei erhöhtem Druck wird die Konzentration der Reaktanten erhöht und infolgedessen die Zellspannung, der Wirkungsgrad und die Leistungsdichte gesteigert [LD03]. Der Verdichter erzeugt den durch die Drosselklappe eingestellten Betriebsdruck des Aggregats, liefert die erforderliche Reaktionsluft und ist der größte Eigenverbraucher des Aggregats. Die Reaktionsluft wird nach der Verdichtung abgekühlt, durch die Befeuchtereinheit befeuchtet und anschließend der Kathode der Brennstoffzellen zugeführt. Die Anoden des Brennstoffzellenstapels werden aus einem externen Druckbehälter mit Wasserstoff versorgt. Der Tankdruck wird von 700 bar auf 12 bar gedrosselt, bevor der Druckregler den Betriebsdruck vor der Strahlpumpe einstellt. Die Strahlpumpe und/oder das Rezirkulationsgebläse rezirkulieren das Anodenabgas. Die Anodenabgasrezirkulation dient der Rückgewinnung von thermischer und chemischer Energie während des Betriebs mit Wasserstoffüberschuss, wodurch die

[8] Der Brennstoffzellenstapel ist vereinfachend als einzelne Zelle dargestellt.

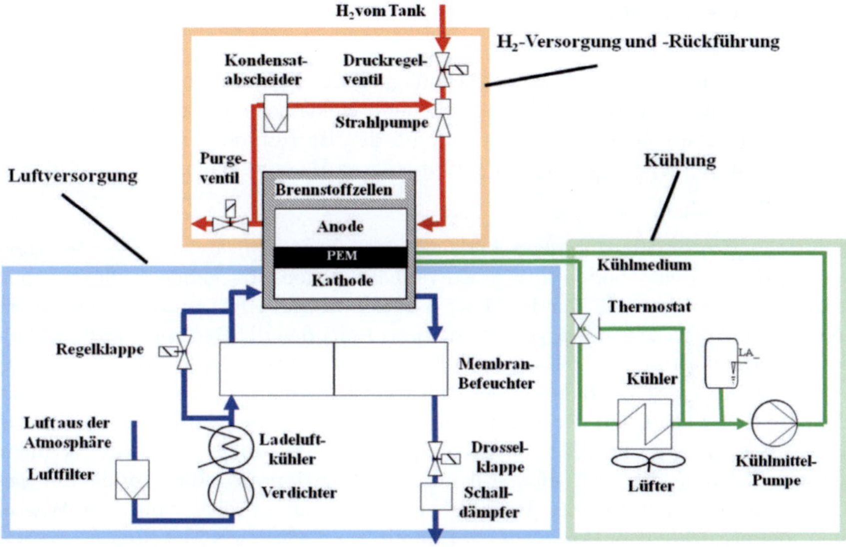

Abb. 2.2.: Vereinfachtes Fließbild des Brennstoffzellensystems

Gasversorgung des Stacks homogenisiert und von der Kathode durch die Membran diffundierendes Wasser abtransportiert wird. Aus den Anoden austretendes flüssiges Wasser wird in dem Kondensatabscheider aus der Gasströmung separiert. Das feuchte Anodenabgas wird dem Frischgas in der Strahlpumpe beigemengt, dient der Befeuchtung und trägt zur Aufrechterhaltung des Wasserhaushaltes bei. Aufgrund der Diffusion von Stickstoff durch die Membran reichert sich das Inertgas im Anodenrezirkulationskreislauf an. Experimentell bestimmte intrinsische Permeabilitäten für Stickstoff sind in [CP88, Mat09] angeführt. Diese Anreicherung bedeutet eine Beeinträchtigung der Reaktion und ihr wird entgegengewirkt, indem ein Teil des Gases über das Purge-Ventil[9] in die Umgebung abgelassen wird. Weiterhin unterstützt das Purgen das Austragen von Flüssigwasser. Über das Kühlsystem wird die entstehende Prozesswärme an die Umgebung abgeführt. Weiterhin werden durch die Kühlung die Medienströme temperiert und Nebenaggregate wie z.B. der Antriebsmotor des Luftverdichters gekühlt.

[9] Englisch für „Spül-Ventil"

2.1.2. Wasserhaushalt

Der Wasserhaushalt des Brennstoffzellenaggregats hat eine entscheidende Auswirkung auf die von den Zellen abgegebene elektrische Leistung. Das in den Gaswegen befindliche Wasser wirkt sich auf den Betrieb der Brennstoffzelle aus, weil die Protonenleitfähigkeit der PEM von deren Wassergehalt abhängt [CKL03, DWY+09].

Eine hohe Protonenleitfähigkeit bedeutet eine hohe Umsatzrate des Brenngases und damit einen hohen von den Brennstoffzellen abgegebenen elektrischen Strom. Der Wassergehalt der PEM wird durch das die PEM umgebende Wasser (in flüssiger oder dampfförmiger Form) bestimmt, das die Reaktionsgase enthalten. Die PEM-Brennstoffzellen werden bei Temperaturen von 70 °C bis 80 °C betrieben. Ab einer Betriebstemperatur von 50 °C bis 60 °C erreicht aber eine PEM trotz Reaktion auf der Kathodenseite der Zellen bei Zufuhr trockener Reaktionsgase nicht mehr 100 % Feuchtigkeit und daher nicht mehr die mögliche Leistung [LD03]. Der Luftbefeuchter und die Rezirkulation des Anodenabgases können zur Befeuchtung der Reaktionsluft und zur Anreicherung von Wasser im Anodenrezirkulationskreislauf und damit zur Leistungssteigerung eingesetzt werden [Sch07]. Dadurch, dass das Kühlmedium parallel[10] mit der Reaktionsluft durch die Brennstoffzellen geführt wird, stellt sich eine Temperaturerhöhung in Strömungsrichtung von bis zu 10 °C ein, die ebenso wie die Vergrößerung des Luftstromes bewirkt, dass sich die Wasseraufnahmefähigkeit der Reaktionsluft erhöht. Zwei Transportmechanismen bestimmen die Wasserbewegung durch die Membran maßgeblich. Aufgrund der Partialdruckunterschiede permeiert Wasser durch die PEM geringer Dicke zur Anode in das in entgegengesetzter Richtung geführte[11] und üblicherweise trockenere Anodengas (vgl. Gleichung (2.18) in Abschnitt 2.2.3). Mit dem Protonenstrom werden Wassermoleküle zurück zur Kathode bewegt. Dieser Vorgang wird als *elektro-osmotic drag*[12] bezeichnet. Üblicherweise werden durch diesen Vorgang zwischen ein und fünf Wassermoleküle mit einem H^+-Proton mitgerissen [SZG91, Got01]. Die beiden Transportmechanismen bestimmen die Richtung und den Betrag des sich effektiv durch die PEM bewegenden Wassers (vgl. Abbildung 2.1). Das Temperaturgefälle in Strömungsrichtung bewirkt ebenso wie der Verbrauch an Wasserstoff eine Zunahme der relativen Feuchtigkeit.

Wird der Betrieb der PEM mit höchsten Wassergehalten angestrebt, kann es andererseits durch die sich in den Zellen örtlich und zeitlich verändernden Zustandsgrößen und Stoffmengen zur Kondensatbildung kommen. Die Kondensatbildung in den Kanälen und porösen Schichten der Brennstoffzelle beeinträchtigt den

[10] Betriebsweise HyMotion4
[11] Betriebsweise HyMotion4
[12] Englisch für „elektro-osmotisches Mitreißen"

Zustrom der Reaktionsgase und verringert damit die von den Zellen abgegebene elektrische Leistung [Hak06, Pei03, LD03, PKSL00]. Die Abbildung 2.3 verdeutlicht den Zusammenhang zwischen Kondensatbildung (links) und der Verringerung der Wasserstoffumsetzung, die sich in einer geringeren Stromdichte (Mitte) und einer geringeren Temperatur (rechts) auswirkt.

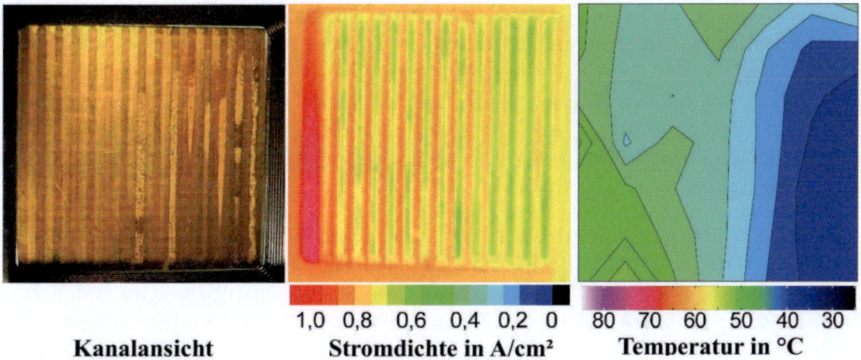

Abb. 2.3.: Ortsaufgelöste Messungen der Stromdichte und der Temperatur einer PEM-Brennstoffzelle mit parallelen Strömungskanälen bei der Bildung von Kondensat (links) und dessen Auswirkung in einer geringeren Stromdichte (Mitte) und einer geringeren Temperatur (rechts) [Hak06]

Ein optimaler Wasserhaushalt stellt sich ein, wenn die Versorgung der PEM durch die Reaktionsgase in dem Maße erfolgt, dass die Gase im Strömungsweg durch die Brennstoffzellen die PEM auf höchstem Feuchtigkeitsniveau halten und die Reaktionsluft das produzierte Wasser an die Umgebung abführt, ohne dass sich Kondensat in den Strömungswegen der Zellen bildet bzw. sich bildendes Kondensat ohne Beeinträchtigung des Betriebs aus den Zellen abgeführt wird. Der Kondensatbildung wird entgegengewirkt, indem die GDL und CL hydrophob[13] gestaltet werden, weil der Sättigungsdampfdruck in den Poren mit abnehmendem Radius der Poren und zunehmenden Kontaktwinkel ansteigt [DWY$^+$09]. Die physikalische Wechselwirkung zwischen einer Flüssigkeit und einer Oberfläche kann durch den Kontaktwinkel θ zwischen Flüssigkeit und Oberfläche ausgedrückt werden. Kontaktwinkel größer als 90° werden als hydrophobe Eigenschaft und Kontaktwinkel kleiner als 90° als hydrophile Eigenschaft der Oberfläche bezeichnet [BGK03]. Da die Beschaffenheit der GDL Oberflächen hydrophober als die der Kanalwände gestaltet werden, wird erreicht, dass das Kondensat über die Kanalwände abgeführt wird und das freie Gasvolumen

[13] Griechisch für: Wasser abweisend

in den Diffusionsschichten nicht durch Kondensat zugesetzt wird. Der Nachteil der unterschiedlichen Beschichtung ist eine verlangsamte Kondensatbewegung auf den Wandoberflächen [MJL10]. Weiterhin beeinflusst die Strömungsführung der Gaskanäle die Abführung von Kondensat. Eine Mäanderstruktur trägt das Kondensat im Vergleich zur parallelen und zur offenen Kanalstruktur aufgrund des höheren Differenzdrucks besser aus und erreicht in einem experimentellen Vergleich von A. Hakenjos [Hak06] höhere Leistungsdichten. Die offene Struktur führt zu einer gleichmäßigen Stromdichteverteilung, das Kondensat wird nicht gleichmäßig ausgetragen. Die Herausforderung bei der gleichmäßigen Abfuhr von Kondensat bei hohem Wassergehalt der Membran besteht aus der Wahl von Strukturen zur Gasführung mit akzeptablen Druckdifferenzen bei geringen Strömen an Reaktionsgasen. Die Ströme sollen jedoch den Betrieb mit Wasserstoff- und Luftüberschuss sicherstellen.

Auf der Kathodenseite wird die Abluft durch den Befeuchter in die Umgebung abgeführt. Durch die Membranen des Befeuchters kann das flüssige und dampfförmige Wasser die Frischluft befeuchten. Die Strömungsführung im Befeuchter beeinflusst auch den Austrag des Flüssigwassers. Auf der Anodenseite ist es erforderlich, flüssiges Wasser zu separieren, weil das Anodenabgas dem Frischgas beigemengt wird und die Strömung auf der Anode durch flüssiges Wasser behindert werden kann.

2.1.3. Kondensatabscheider

Das durch das Kathodengas aus der Zelle abgeführte Kondensat gelangt nach dem Luftbefeuchter durch die Abluft in die Umgebung. Das aus der Anodenseite abgeführte Kondensat wird aus der Strömung durch den Einsatz eines Kondensatabscheiders im Abgasstrom (vgl. Abbildung 2.2) separiert. Dadurch wird dem Eintrag von Kondensat in das Frischgas und in die Brennstoffzelle entgegengewirkt. Im Allgemeinen gibt es drei verschiedene Arten von Kondensatabscheidern [Hir99]:

- Schwerkraftabscheider
- Prallabscheider
- Fliehkraftabscheider

Prallabscheider, insbesondere Drahtgestrickabscheider und Kolonnenabscheider benötigen einen großen Bauraum, Filterabscheider zeichnen sich durch einen großen Strömungswiderstand aus [Hir99]. Für mobile Anwendungen bieten sich Fliehkraftabscheider durch den geringen Strömungswiderstand bei hohen Abscheideraten an. Zu den Fliehkraftabscheidern zählen Lamellenabscheider und Zyklone. In Lamellenabscheidern (vgl. Abbildung 2.4 a)) wird die Strömung des beladenen Gases über verwinkelte Prallbleche geführt. In einer umgelenkten Strömung können die Kondensattröpfchen aufgrund der Massenträgheitskräfte nicht den Stromlinien des Gases folgen und treffen auf die Wand, an der sie einen Flüssigkeitsfilm bilden. Da die Lamellen vertikal stehen, bewegt sich dieser Flüssigkeitsfilm aufgrund der Schwerkraft nach unten und kann aufgefangen werden. Eine besondere Profilierung der Prallbleche sowie das Anbringen von Haken erhöhen den Gesamtabscheidegrad und zeichnen sich im Vergleich zu der Bauweise ohne Haken durch einen höheren Strömungswiderstand aus.

In Drallabscheidern kann der beladene Gasstrom tangential in eine Kammer eingeblasen werden, so dass ein Drall in der Strömung entsteht. Weiterhin kann der Drall durch einen Drallerzeuger erzeugt werden. Auf die mit der Strömung rotierenden Kondensattröpfchen wirken Zentrifugalkräfte, die sie zur äußeren Wand der Abscheidekammer schleudern. Dort werden sie separiert (vgl. Abbildung 2.4 b)). Eine hohe Abscheiderate ist mit einem erhöhten Druckverlust

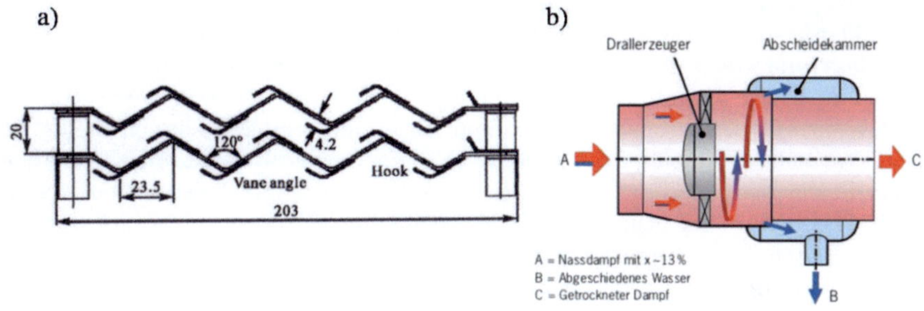

Abb. 2.4.: Funktionsweise eines a) Lamellenabscheiders mit Haken [JWH09] und b) eines axialen Drallabscheiders "Powersep" von Balcke & Dürr (2002) [Balcke-Dürr An SPX Company, 2011]

verbunden [GH01, Kol09, JWH09]. Für denselben Gesamtabscheidegrad benötigen Lamellenabscheider ein wesentlich größeres Volumen und mehr Oberfläche als Drallabscheider. Jedoch ist der Druckverlust in Drallabscheidern größer [Kol09].

2.1.4. Reaktionsluftbefeuchtung

Die PEM-Brennstoffzellen werden bei Betriebstemperaturen von 70°C bis 80°C optimal betrieben, was bedeutet, dass sich trockene Reaktionsluft in einer niedrigen Leitfähigkeit der PEM und damit in geringem von den Zellen abgegebenen elektrischen Strom auswirkt, weil sie ab einer Temperatur von 50°C bis 60°C mehr Wasser aufnehmen kann, als durch die Reaktion auf der Kathodenseite der Zellen entsteht [LD03]. Um die PEM feucht und den Wirkungsgrad hoch zu halten, werden die Luft und/oder das Brenngas befeuchtet [Sch07]. Für die Befeuchtung der Reaktionsgase bieten sich die Möglichkeiten der

- Anodenabgasrezirkulation,
- Kathodenabgasrezirkulation,
- internen Befeuchtung und
- externen Befeuchtung

an. Die **Anodenabgasrezirkulation** bewirkt eine Anreicherung des durch die PEM diffundierenden Wassers auf der Anodenseite. Das sich einstellende Feuchtigkeitsniveau resultiert maßgeblich aus den Kräften der Konzentrationsunterschiede und des elektroosmotischen Zugs. Durch die Beimengung von sauerstoffarmem und feuchtem Abgas in die Reaktionsluft bei der **Kathodenabgasrezirkulation** gelangt das Wasser in die Reaktionsluft. Diese Variante ist besonders kompakt und bietet sich für portable Systeme an. Die Nachteile dieser Variante sind, dass zum einen die Reaktionsluft, die aus der Atmosphäre bei der Umgebungstemperatur entnommen wird, die geringer als die Betriebstemperatur ist, das Wasser aus dem Abgas kondensieren lässt. Zum anderen können Zellen, in dieser Variante betrieben, im Vergleich zu den externen Befeuchtungsmethoden aufgrund der verringerten Sauerstoffkonzentration weniger Leistung bereitstellen [KK11]. Die Befeuchtung der Reaktionsluft durch in den Zellen intern angewendete Maßnahmen, um das Brennstoffzellenaggregat kompakter zu gestalten, wird als **interne Befeuchtung** bezeichnet. Dies ist durch die Beimengung von Wasser über die Bipolarplatten durch poröse Strukturen [OK01, SM99], Zerstäuber [Rum97, Rit99] oder Dochte [WSS93, SS10] möglich. Eine Besonderheit der Zerstäubung ist die einhergehende Kühlung der Reaktionsgase durch das verdampfende Wasser. Weiterhin können die Reaktionsgase über MEAs befeuchtet werden, die passive Bereiche für den Wassertransport vorsehen. Diese Methode wird auch als **Selbstbefeuchtung** bezeichnet. Das im Kathodenabgas enthaltene Wasser permeiert vor dem Austreten aus der Zelle durch einen passiven Bereich der Membran auf die Anodenseite und befeuchtet den Wasserstoff. In ähnlicher Weise permeiert das sich auf der Anodenseite anreichernde Wasser vor dem Verlassen der Zelle durch einen weiteren passiven Bereich der Membran zur Kathodenseite und befeuchtet die Reaktionsluft. Ein Wasserstoffstrom mit einem Wasserstoffüberschuss größer als 2 kann die Reaktionsluft ausreichend befeuchten [Bra12, WSD08].

Eine wirkungsvolle Methode, die Reaktionsgase zu befeuchten, sind **externe Befeuchtereinrichtungen**. In Laborsystemen und Testständen wird das Wasser häufig in die Reaktionsgase eingespritzt [Tra10], durch Blasensäulen [VTVD08] oder Rekuperatoren [Cor12] in die Reaktionsgase eingebracht [LD03, Mat09].

Diese Methoden zeichnen sich durch eine hohe Systemkomplexibilität und einen zusätzlichen Bedarf an elektrischer Energie aus. Weiterhin werden Membranbefeuchter dazu eingesetzt, die Reaktionsluft, gespeist durch das feuchte Kathodenabgas (Wasserdampfseparation oder Gaspermeation) [OE06, Mel07, Mat09] oder durch flüssiges Wasser (Pervaporation) [SMM$^+$11], zu befeuchten [KS01a, KS01b, BHI$^+$04a, BHI$^+$04b, NKH08]. Externe Befeuchter besitzen den Nachteil, dass Bauteile für die Befeuchtung eingesetzt werden und damit die Komplexität und der benötigte Bauraum des Systems zunehmen. Im Vergleich zu Separationsbefeuchtern zeichnen sich Pervaporationsbefeuchter zwar durch höhere Übertragungsraten aus, erfordern aber einen höheren Bauteilaufwand, weil das flüssige Wasser bereitgestellt werden muss [RM09].

Um ein Brennstoffzellenaggregat kompakt zu gestalten, kann die Befeuchtereinrichtung, z.B. ein Membranbefeuchter, aufgrund der ähnlichen Bauweise im Stapel integriert werden [Har02b, Har02a, Bra09, BDH$^+$09, HCKW12]. Diese Variante wird als integrierte Befeuchtung bezeichnet.

Unter den externen Befeuchtereinrichtungen bietet der Membranbefeuchter im Vergleich zu den übrigen Möglichkeiten (Einspritzung, Blasensäulen und Rekuperatoren) die höchste Effizienz [PC05, KK11], die geringste Systemkomplexität [Mat09, SMM$^+$11] und ist ein passives Bauteil, was bedeutet, dass abgesehen von der durch den zusätzlichen Strömungswiderstand erhöhten Verdichterleistung keine zusätzliche elektrische Leistung benötigt wird.

2.2. Membran-Befeuchter

2.2.1. Allgemeines

Membranen[14] versteht man flächige, teildurchlässige Gebilde, Strukturen, die allgemein für zumindest eine Komponente eines sie berührenden Fluids - einer Flüssigkeit oder eines Gases - permeabel, für andere hingegen undurchlässig sind (vgl. Abbildung 3.8) [Mel07]. Die Bezeichnung Membran für diese Gebilde ist allgemein gebräuchlich und es liegt keine Definition nach DIN-Norm vor. Die Wasserdampfseparation wird zur Befeuchtung der Reaktionsgase und zur Entfeuchtung der Abgase angewendet. Es werden Membranen eingesetzt, die nur für Wasser permeabel sind. Die kontinuierlich durchströmte Membrananordnung besitzt einen Eingang für das zu trennende Abgas der Brennstoffzelle („Feed”) und einen für das trockene Frischgas. Das befeuchtete Frischgas, das das Wasser („Permeat”) enthält, und das entfeuchtete Abgas („Retentat”) werden über zwei Auslässe zum Stapel bzw. in die Umgebung geführt. Zwischen der Feedseite und der Permeatseite existiert eine Differenz des chemischen Potenzials, die als

[14]Lateinisch: membrana für „Häutchen”

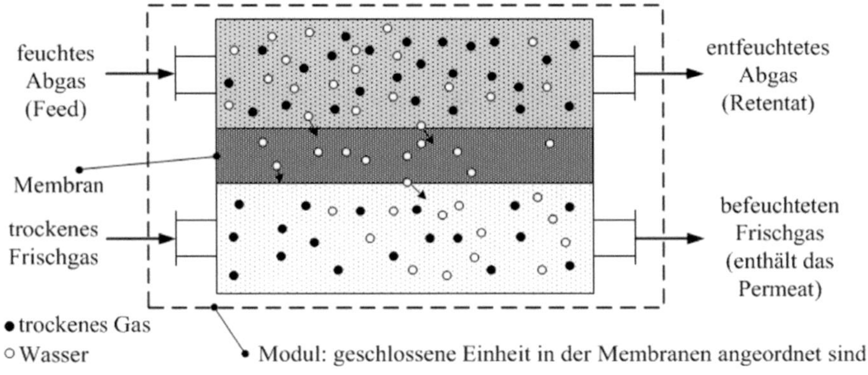

Abb. 2.5.: Schematische Darstellung des Wassertransports durch eine Membran. Eigene Darstellung aufbauend auf [Mel07]

Triebkraft für den Transport des Wassers dient. Wird die Temperaturdifferenz über die Membran vernachlässigt, können der Konzentrationsteil und der Druckanteil des chemischen Potenzials in der Differenz der Wasserdampfaktivitäten ausgedrückt werden und der Wasserdampf permeiert aufgrund von Druckunterschieden dem Druckgefälle folgend durch die Membran. Dieser Vorgang wird als Wasserdampfseparation bezeichnet. Der Permeationsvorgang zeichnet sich in Abhängigkeit der eingesetzten Membranmaterialien und der gewählten thermodynamischen Zustände durch unterschiedliche Transportmechanismen aus (vgl. Abschnitt 2.2.3).

2.2.2. Kategorisierung von Membranen

Membranen können grundsätzlich im Hinblick auf ihren Aggregatzustand (fest oder flüssig) und ihrer Natur (biologisch oder synthetisch) und weiterhin je nach Anwendungsgebiet und Autor [Sta92, Mul96, NP06, Mel07, Bak08, LFHM08, Mat09] anhand der in (a) bis (e) ausgeführten Gesichtspunkte (vgl. Abbildung 2.6) kategorisiert werden:

(a) Die Morphologie ist **porös oder dicht**:
Die Bezeichnungen dichte und poröse Membran sind nicht unbedingt eindeutig und nicht vollständig festgelegt, weil die Charakterisierung von Membranen mit abnehmender Porengröße schwieriger wird. Unterschiedliche Porengrößen und Porengrößenverteilungen werden durch unterschiedliche Methoden charakterisiert. Eine poröse Membran hat in ihrer Oberfläche Öffnungen, die größer sind als der Platzbedarf, den die membranbil-

denden Polymermoleküle benötigen. Die Porengröße (und Porengrößenverteilung) bestimmt hauptsächlich, welche Partikel oder Moleküle zurückgehalten und durchgelassen werden (Selektivität). In Abhängigkeit von dem Porendurchmesser ist die Definition einer Membran nach IUPAC in internationaler Übereinkunft [KS96]:

- *makroporös* im Bereich $> 50\,\text{nm}$,
- *mesoporös* im Bereich $2\,\text{nm} <$ Porengröße $< 50\,\text{nm}$ und
- *dicht* (es sind keine Poren detektierbar) im Bereich $< 2\,\text{nm}$

(b) Der Aufbau ist **symmetrisch oder asymmetrisch**:
Die Querschnittstruktur der Membran kann eine über die Membrandicke gleichförmige (symmetrische) oder eine nicht gleichförmige (asymmetrische) Struktur haben.

(c) Das elektrische Verhalten ist **ionisch oder nicht ionisch**:
Die Membran ist ionisch geladen oder ungeladen.

(d) Die Zusammensetzung ist **homogen oder heterogen**:
Das verwendete Material unterscheidet sich in der Anzahl der verwendeten Phasen. Homogen bedeutet, dass die Membran aus einem Unipolymer oder aus sich vermischenden Polymeren besteht (Interpolymer). Heterogene Membranen zeichnen sich dadurch aus, dass ein Gemisch aus mindestens zwei nicht mischbaren Polymeren vorliegt.

(e) Die Membran besteht aus einem **Interpolymer** oder ist mehrschichtig als **Composite-Membran** aufgebaut.

Für die Separation des Wasserdampfes werden üblicherweise synthetische, poröse oder dichte Polymer-Membranen eingesetzt [Sta92, Sie06, Bak08]. In der Abbildung 2.7 a) bis c) sind Aufnahmen von zwei porösen Membranen und einer dichten Membran dargestellt. Während die **poröse Membran** durchgängige Poren besitzt, zeichnet sich eine **dichte Membran** vor allem dadurch aus, dass das *Freie Volumen* keine durchgängigen Poren im Material aufweist. Die einzelnen Polymerketten liegen in einem statistisch geknäulten Zustand vor. Im Falle einer Umlagerung der Kettensegmente summieren sich kleine Hohlräume zum Freien Volumen und das Polymer der Membran quillt. Das Freie Volumen und das belegte „van-der-Waals" Volumen ergeben das geometrische Gesamtvolumen der dichten Membran. Das Freie Volumen ist nach einer bestimmten Statistik verteilt und kann kleinere Moleküle aufnehmen [HHY+02, HECL+03, Sie06]. Dichte Membranen zeichnen sich durch eine geringere Dicke aus. Es kommen häufig sulfonierte Polymere, wie z.B. Nafion [Sch07, MRME08, RM09, PO09, PDTP12, MVC12, HCKW12] oder Polyamid [CSQK11] und Zelluloseacetat [Zha07] zum Einsatz.

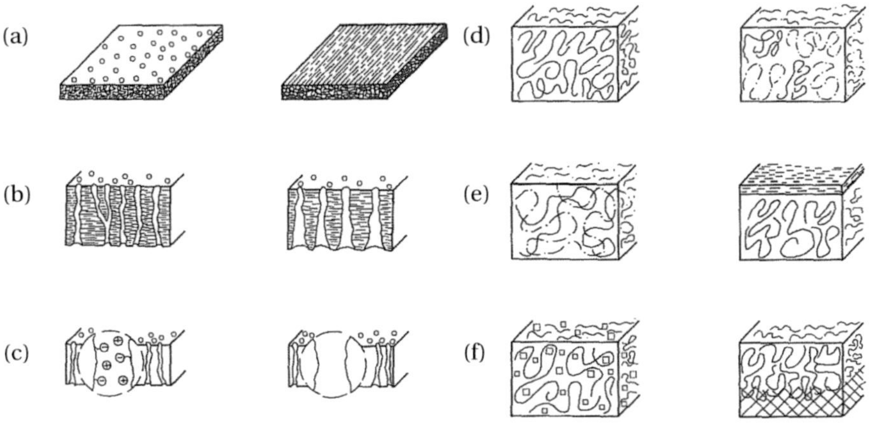

Abb. 2.6.: Schematische Darstellung von Membrantypen [Sta92] jeweils von links nach rechts:(a) porös und dicht, (b) symmetrisch und asymmetrisch (c) geladene und nicht geladen, (d) homogen und heterogen (e) Interpolymer-Membran und Mehrschichtenmembran (Englisch: Composite-Membran), (f) Membran, verstärkt mit Füllstoffen (durch Rechtecke angedeutet) und Membran auf textilem Gewebe.

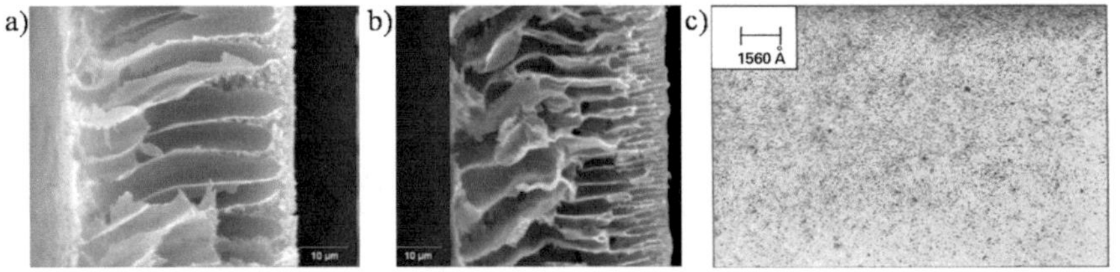

Abb. 2.7.: Rasterelektronenmikroskop-Aufnahme einer a) porösen PSU-, b) einer porösen PES-Membran [SMM+11] und c) Röntgenaufnahme einer Nafion-Membran [GMW81]

Üblicherweise werden poröse Membranen für die Wasserdampfseparation als Hohlfasermembranen ausgeführt [Mat09]. Dadurch wird eine hohe Packungsdichte erzielt. Für die Herstellung der Hohlfasermembranen bieten sich die Materialien Polytetrafluorethylen (PTFE), Polyvinylidenfluorid (PVDF) [Sta92] und Polyethersulfon (PES) und Polysulfone (PSU) [SMM+11, RSD11] an (vgl. Abbildung 2.7 a) und b)). Eine solche Anordnung von mehreren Membranen wird als Membranmodul bezeichnet. In Abbildung 2.8 a) ist ein planares Membranmodul in Kreuzstromführung und in b) ein Hohlfasermodul des Herstellers Permapure dargestellt.

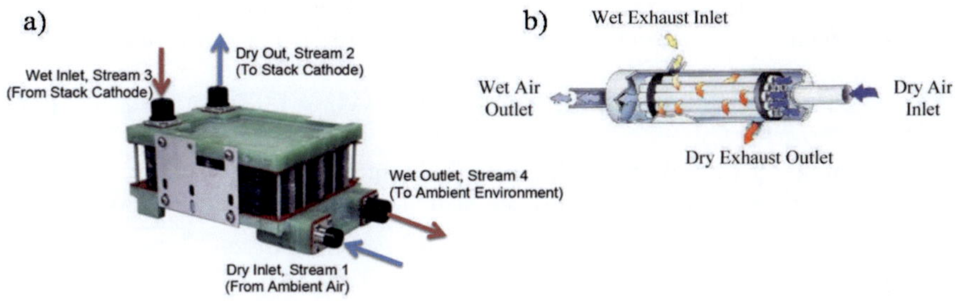

ABB. 2.8.: a) Membranbefeuchter in Kreuzstromführung [HCKW12] b) Hohlfasermodul der Firma PERMA PURE LLC. [DLMD08]

Für die Auslegung von Membranmodulen ist die Kenntnis über die auftretenden Transportwiderstände erforderlich, um in Abhängigkeit der Anforderungen der Brennstoffzellen auf die benötigte Membranfläche zu schließen.

2.2.3. Transportwiderstände im Membranbefeuchter

Für die Auslegung und Regelung von Membranbefeuchtern sind aus Forschungsarbeiten Ansätze verfügbar, die überwiegend auf dem Fick'schen Diffusionsansatz basieren und die Wasserbewegung durch Nafion-Membranen beschreiben [CLP08, MRME08, SDB12]. Die Diffusionskoeffizienten, die die Wasserdiffusion durch die Membran beschreiben, sind experimentell für Nafion-Membranen ermittelt und abhängig vom Wassergehalt aufgrund der Quellung der Membran angegeben. Der Einfluss der Grenzschichten wird in [Zha07] für eine dichte Zelluloseacetat Membran mit konstantem Diffusionskoeffizienten behandelt, um den Wasser- und Wärmetransport über dimensionslose Kennzahlen zu berechnen. Weiterhin wird eine Auslegungsmethode anhand der Membran- und Grenzschichtwiderstände mit experimenteller Bestimmung der Permeabilitäten für sulfonierte Polymermembranen in [Mat09] vorgestellt. In Analogie zum konvektiven Wärmetransport wird der konvektive Wassertransport an der Grenzfläche A_{Mem} zwischen Membran und Luft durch das Konzentrationsgefälle $\Delta c_{\mathrm{H_2O}}$ zwischen Membran und Luft und dem Stoffübergangskoeffizienten β unter Anwendung der allgemeinen Gleichung (2.4) berechnet [Mer86, Bra71, Sch96, Zha07, BS10]:

$$\dot{n} = A_{\mathrm{Mem}} \cdot \beta \cdot \Delta c_{\mathrm{H_2O}} \tag{2.4}$$

In einem der Grenzfläche fernen Bereich wird die Konzentration als konstant angenommen und das Konzentrationsgefälle wird auf die wandnahe Konzentrationsgrenzschicht (KGS) beschränkt. Der Stoffübergangskoeffizient wird durch Gleichung (2.5) mit der *hypothetischen*[15] Dicke der Konzentrationsgrenzschicht δ_{KGS} und dem Diffusionskoeffizienten von Wasser in Luft $D_{\mathrm{H_2O,Gas}}$ ausgedrückt

$$\beta = \frac{D_{\mathrm{H_2O,Luft}}}{\delta_{\mathrm{KGS}}}. \tag{2.5}$$

In Abbildung 2.9 sind die beidseitige Ausbildung der Grenzschichten, die hypothetischen Grenzschichtdicken und die sich daraus ergebenen Transportwiderstände schematisch dargestellt.

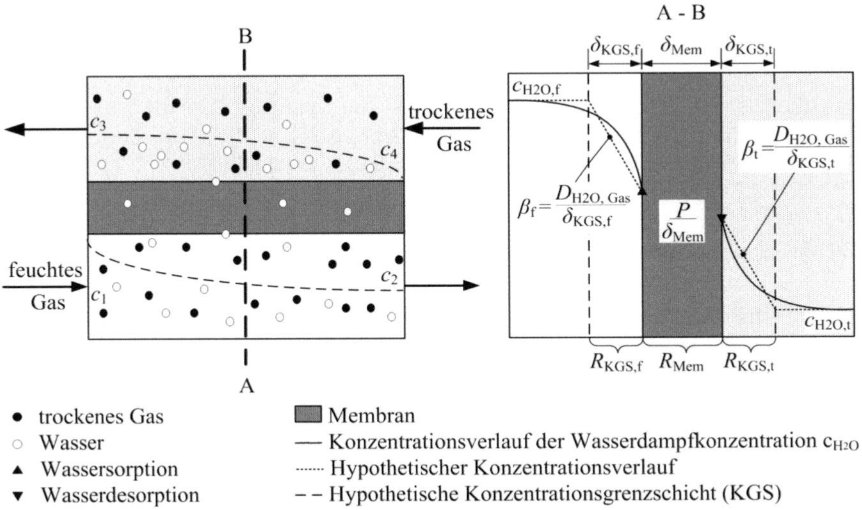

ABB. 2.9.: Schematische Darstellung der Transportwiderstände beim Wassertransport durch eine Membran. Eigene Darstellung aufbauend auf [Bra71, Mel07]. Für poröse und dichte Membranen ergeben sich unterschiedliche Konzentrationen in den Membranen durch Absorption und Desorption bei dichten und die kapillare Kondensation bei porösen Membranen.

[15] Der Konzentrationsverlauf in der Grenzschicht wird vereinfachend linearisiert betrachtet.

Neben den Transportwiderständen

$$R_{\mathrm{KGS,f}} = \frac{1}{\beta_{\mathrm{f}}} = \frac{\delta_{\mathrm{KGS,f}}}{D_{\mathrm{H_2O,Gas}}} \tag{2.6}$$

mit dem Index f für die feuchte Seite und

$$R_{\mathrm{KGS,t}} = \frac{1}{\beta_{\mathrm{t}}} = \frac{\delta_{\mathrm{KGS,t}}}{D_{\mathrm{H_2O,Gas}}}, \tag{2.7}$$

mit dem Index t für die trockene Seite, die durch die Konzentrationsgrenzschichten entstehen, tritt der Transportwiderstand der Membran R_{Mem} auf, der durch die Membrandicke δ_{Mem} und deren Permeabilität Pe_{Mem} bestimmt wird [Sta92, Mul96, NP06, Mel07, Bak08]:

$$R_{\mathrm{Mem}} = \frac{\delta_{\mathrm{Mem}}}{Pe_{\mathrm{H_2O,Mem}}}. \tag{2.8}$$

Durch Gleichung (2.9) lassen sich die Transportwiderstände analog zum elektrischen Widerstand zu einem Gesamtwiderstand R_{ges}

$$R_{ges} = R_{\mathrm{KGS,1}} + R_{\mathrm{Mem}} + R_{\mathrm{KGS,2}} \tag{2.9}$$

summieren, so dass sich mit dem Stoffdurchgangskoeffizienten β_D

$$\beta_D = \frac{1}{R_{ges}} \tag{2.10}$$

die Berechnungsgleichung (2.11) für den Wassermolenstrom

$$\dot{n}_{\mathrm{H_2O}} = \beta_{\mathrm{D}} \cdot A_{\mathrm{Mem}} \cdot \Delta c_{\mathrm{H_2O,f,t}} \tag{2.11}$$

ergibt [Bra71, GH99, MVP⁺05, Mat09]. Weil sich die Konzentrationsdifferenz in den konvektiven Strömen über die Lauflänge entlang der Membran aufgrund der Aufnahme bzw. Abgabe von Wasser ändert, werden die Konzentrationsverläufe entlang der Membran gemittelt. Für große Konzentrationsgradienten wird in die Gleichung (2.11) die mittlere logarithmische Konzentrationsdifferenz (vgl. Abbildung 2.9)

$$\Delta c_{\mathrm{log}} = \frac{(c_1 - c_3) - (c_2 - c_4)}{\ln\left(\frac{c_1 - c_3}{c_2 - c_4}\right)} \tag{2.12}$$

für die Gegenstromführung (Gleichung (2.12)) eingesetzt und es ergibt sich

$$\dot{n}_{\mathrm{H_2O}} = \beta_{\mathrm{D}} \cdot A_{\mathrm{Mem}} \cdot \Delta c_{\mathrm{log,H_2O}} \tag{2.13}$$

zur Berechnung des von zwei konvektiven Strömungen durch eine Membran ausgetauschten Wasserstroms. Die Berechnung der Transportwiderstände durch die

Konzentrationsgrenzschichten erfolgt über die Berechnung der Geschwindigkeits- und Konzentrationsfelder in den Strömungskanälen der Strömungsführung entlang der Membran. Zum einen werden numerische Methoden eingesetzt [Sta92, Mel07] und zum anderen werden analytische Verfahren angewendet, die auf dimensionslosen Kennzahlen basieren [Bra71, Mer86, Che06, BS10]. Durch die Analogie von Wärme- zu Stoffübertragern ergeben sich Gleichungen, die das charakteristische Verhalten von Stoffübertragern beschreiben [Bra12] . Die Grenzschichtdicke ändert sich mit zunehmendem Strömungsweg entlang der Membran (vgl. Abbildung 2.9). Für die Auslegungsberechnung von Membranbefeuchtern ist die Anwendung der über den Strömungsweg gemittelten Stoffübertragungskoeffizienten sinnvoll. Unter Voraussetzung von Fick'scher Diffusion, der Annahme von konstanten Konzentrationen an der Membran und der Grenzschicht-Theorie von Schlichting [SG06] kann der über den Strömungsweg gemittelte Stofftransportkoeffizient β_m durch den hydraulischen Durchmesser d_h der Strömungskanäle und den Diffusionskoeffizienten aus der dimensionslosen mittleren SHERWOOD-Zahl nach Gleichung (2.14)

$$Sh_\mathrm{m} = \frac{\beta_\mathrm{m} \cdot d_\mathrm{h}}{D_{\mathrm{H_2O,Gas}}} = f(Re, Sc) \tag{2.14}$$

berechnet werden. Mit

$$Re = \frac{\bar{w} \cdot d_\mathrm{h} \cdot \rho}{\eta} \tag{2.15}$$

wird die REYNOLDS-Zahl bezeichnet. $\bar{w}$ ist die mittlere Fluidgeschwindigkeit, ρ die Fluiddichte und η die dynamische Viskosität. Mit

$$Sc_\mathrm{m} = \frac{\eta}{D_{\mathrm{H_2O,Gas}} \cdot \rho} \tag{2.16}$$

wird die SCHMIDT-Zahl bezeichnet. Für die Strömung durch Kanäle wird die Abhängigkeit

$$Sh = c_1 \cdot Re^{c_2} \cdot Sc^{c_3} \cdot \left(\frac{L_\mathrm{Mem}}{d_\mathrm{h}}\right)^{c_4} \tag{2.17}$$

zwischen der SHERWOOD-, der REYNOLDS- und der SCHMIDT-Zahl, dem hydraulischen Durchmesser d_h und der Länge L_Mem der Strömungskanäle vorgeschlagen [aFW94]. Die Koeffizienten c_1 bis c_4 werden an die verwendete Geometrie angepasst. Die Widerstandszahl der Membran ergibt sich aus der Permeabilität der Membran, die experimentell bestimmt wird. Die Permeabilität umfasst die Mechanismen, die beim Stofftransport durch die Membran auftreten. Der Stofftransport durch die dichte Polymermembran lässt sich durch das **Lösungs-Diffusionsmodell** beschreiben [LMR65][16]. Nach dem Lösungs-Diffusionsmodell permeiert das Wasser in mehreren Teilschritten durch die Membran. Im ersten

[16] Eine Zusammenstellung von Transportmodellen für weitere Transporttheorien wird in [Sta92] vorgestellt.

Schritt werden die dampfförmigen Wassermoleküle an der Membranoberfläche adsorbiert, bevor in der Membranphase die Absorption erfolgt, sich das Wasser im zweiten Schritt durch die Membran bewegt, um im dritten Schritt in das trockene Gas zu desorbieren[17]. Die drei Teilschritte werden in dem sogenannten Permeabilität Pe unter den Annahmen, dass

- die Sorption und die Desorption schneller als die Bewegung in der Membran ist,
- sich die Grenzflächen im Gleichgewicht mit Gas befinden,
- stationäre Vorgänge berücksichtigt werden und
- keine Sekundärbewegungen (quer zur Bewegung durch die Membran) auftreten,

zusammengefasst, so dass sich der durch die Membran transportierte Dampfvolumenstrom $\dot{V}_{\mathrm{H_2O}}$ in $\mathrm{m^3/s}$ in Abhängigkeit von der Partialdruckdifferenz, z.B. von Wasserdampf $\Delta p_{\mathrm{H_2O}}$, zwischen der feuchten und der trockenen durch die Membran getrennten Gase, der Membranfläche A_{Mem} in $\mathrm{m^2}$, der Membrandicke δ_{Mem} in m und der Permeabilität Pe in $(\mathrm{m^3{\cdot}m})/(\mathrm{m^2{\cdot}Pa}{\cdot}s)$ durch den Zusammenhang aus Gleichung (2.18)

$$\dot{V}_{\mathrm{H_2O}} = Pe \cdot A_{\mathrm{Mem}} \frac{\Delta p_{\mathrm{H_2O}}}{\delta_{\mathrm{Mem}}} \tag{2.18}$$

ergibt. Der Permeationskoeffizient ist gemäß Lösungs-Diffusionsmodell das Produkt aus Löslichkeit von Wasser in der Membran und des Diffusionskoeffizienten von Wasser in der Membran $D_{\mathrm{H_2O,Mem}}$ in $\mathrm{m^2/s}$ [LMR65, Sta92, Mel07, Bak08]

$$Pe = D_{\mathrm{H_2O,Mem}} \cdot \kappa_{\mathrm{H_2O,Mem}}. \tag{2.19}$$

Der *Löslichkeitskoeffizient* $\kappa_{\mathrm{H_2O,Mem}}$ in $(\mathrm{m^3/(m^3} \cdot \mathrm{Pa})$ beschreibt den Zusammenhang zwischen dem Partialdruck des Wassers und der Wasserkonzentration in der Membran (vgl. [LMR65, Sta92, OE06, Mel07, Bak08]). Der Löslichkeitskoeffizient (kurz: die Löslichkeit) verändert sich mit einer sich ändernden Wasserkonzentration in der Membran, weil das Material quillt. Weiterhin ist sie in den meisten Fällen temperaturabhängig [OE06]. Um den Wassergehalt experimentell zu bestimmen, werden gravimetrische Methoden angewendet, durch die

[17] An der Membranoberfläche wirken überwiegend molekulare Kräfte (Wasserstoffbrückenbindungen und Van der Waals Kräfte) auf die Wassermoleküle. Aus diesen resultiert der Kondensationsvorgang. Nach Wilkinson et al. [WZH+10] sind die molekularen Kräfte bis zu einem bestimmten Wassergehalt der Membran für den Kondensationsvorgang entscheidend. Die sogenannte Oberflächen-Wasserbeladung ist dann erreicht, wenn die auf den Oberflächen befindlichen hydrophilen Gruppen der Membran mit Wassermolekülen besetzt sind. Wenn die Membran einen bestimmten Quellungsgrad erreicht und infolge dessen Hohlräume ausgebildet hat, sind Kapillarkräfte ausschlaggebend für die Kondensation. Die Annahme der so genannten Kapillarkondensation kann durch die Young-Laplace Gleichung beschrieben werden.

Sorptionsisothermen erstellt werden [SZG91, ZDR+93, ZSD+93, Sta92, Mel07]. Diese stellt den Zusammenhang zwischen der Wasseraktivität des die Membran umgebenen Gases, die mit dem Sättigungsdampfdruck p_s als

$$a_{H_2O} \approx \frac{p_{H_2O}}{p_s} = \frac{\varphi}{100} \tag{2.20}$$

angenähert werden kann [JGX+04], und dem Wassergehalt der Membran λ_{Mem}, der das Verhältnis von Wassermolekülen in der Membran zu hydrophilen Molekülen der Membransubstanz beschreibt, im Gleichgewichtszustand dar. Die Kenntnis über die Sorptionsisotherme dient der Berechnung des Diffusionskoeffizienten [ZDR+93, Sta92, Mel07] aus der Permeabilität. Für die Bestimmung der intrinsischen Permeabilität und damit des Membranwiderstands (vgl. Gleichung (2.8)) werden die Druckanstiegsmethode [Mat09, PDTP12] und die Überströmungsmethode angewendet, von denen Letztere für die Bewertung eines Membranmoduls zu favorisieren ist [MVP+05, Mat09]. Für die Anwendung der Überströmungsmethode muss die Dicke der Membran variiert werden. Die in Kapitel 3.4 vorgeschlagene Methode unter Einsatz von Computational Fluid Dynamics (CFD) ermöglicht die Bestimmung der intrinsischen Permeabilität einer Membran ohne Variation der Membrandicke.

2.3. Computational Fluid Dynamics

2.3.1. Allgemeines

Für die Optimierung von Apparaten sind prinzipiell Messungen und moderne Berechnungsmethoden, meist Kombinationen davon, notwendig. Apparate mit strömenden Medien werden heute mit verschiedenen CFD Methoden simuliert. In der vorliegenden Arbeit werden die nachfolgend beschriebenen drei CFD Verfahren verwendet. Beim Membranbefeuchter werden die Grenzschichten der laminaren Strömung in Kanälen simuliert, um die Transportwiderstände durch die Grenzschichten zu bestimmen. Es werden die in Abschnitt 2.3.2 vorgestellten Bilanzgleichungen gelöst. Für die Simulation des flüssigen Wassers in einer Brennstoffzelle wird das in Abschnitt 2.3.3 vorgestellten Volume Of Fluid Verfahren angewendet, um die Bewegung von Phasengrenzflächen zu simulieren. Zur Auslegung des Kondensatabscheiders wird auf das Euler-Lagrange Partikelmodell (vgl. Abschnitt 2.3.4) zurückgegriffen. Die Partikel sind in diesem Fall idealisierte Wassertröpfchen.

Die **Vorteile der theoretischen Berechnung** gegenüber der experimentellen Untersuchung sind zum einen die geringeren Kosten. Zum anderen wird die Geschwindigkeit, mit der theoretische Untersuchungen durchgeführt werden können, einhergehend mit der Weiterentwicklung der Computertechnik beschleunigt.

Des Weiteren bietet die Lösung der Berechnungsergebnisse komplette und detaillierte Informationen über die Werte von allen angewendeten Variablen in allen definierten Berechnungsgebieten. Zusätzlich können in einer theoretischen Berechnung einfach realistische Bedingungen simuliert werden und mögliche Gefahren im Umgang mit toxischen oder entflammbaren Materialien können in einer theoretischen Betrachtung ausgeschlossen werden.

Der entscheidende Nachteil der theoretischen Berechnung ist, dass Berechnungsmodelle im Allgemeinen noch nicht die vollständige Realität beschreiben. Eine Validierung mit Experimenten ist erforderlich und die Anwendung von Modellen ist nur in den Grenzen, in denen das mathematische Modell validiert ist, gültig. Bei der Erforschung von physikalischen und chemischen Zusammenhängen ist die experimentelle Methode der theoretischen voraus. Werden validierte Modelle von bekannten physikalischen und chemischen Zusammenhängen angewendet, ist die theoretische Methode effektiv. Der optimale Aufwand für einen Auslegungsprozess ist somit eine Kombination aus Experiment für die Erstellung von Modellen, deren Validierung und der theoretischen Berechnung anhand der mathematischen Gleichungen.

2.3.2. Bilanzgleichungen

Die Berechnung von Geschwindigkeits-, Temperatur-, und Konzentrationsfeldern erfolgt durch die Lösung von Bilanzgleichungen. Es erfolgt eine Bilanzierung der Transportströme über die Grenzen eines endlichen Volumens dV und es werden volumengemittelte Transportgrößen ϕ aus den Differenzialgleichungen errechnet. Die Transportgrößen zeichnen sich dadurch aus, dass sie in einem begrenzten Volumen speicherbar sind, sich mit einer Strömung konvektiv oder aufgrund molekularer Austauschvorgänge diffusiv transportieren lassen und sich innerhalb eines Volumens oder an dessen Oberfläche in eine andere Transportgröße umwandeln lassen. Daraus ergibt sich das Prinzip der Erhaltung:

$$\text{Speicherung} = \text{Transport} + \text{Umwandlung}. \tag{2.21}$$

Mit der Transportgröße ϕ, der Dichte ρ, der Zeit t, $\vec{w}$ als Geschwindigkeit, Γ_ϕ als Austauschkoeffizient und S_ϕ als Quell-/Senkenterm ist die allgemein formulierte Bilanzgleichung [BSL60, Bra71, ELLW12]:

$$\frac{\partial \rho \phi}{\partial t} = -\mathrm{div} \vec{w} \rho \phi + \mathrm{div}\left(\Gamma_\phi \mathrm{grad} \phi\right) + S_\phi. \tag{2.22}$$

Die in dieser Arbeit verwendeten Gleichungen für die Bilanzierung von

- Masse,
- Stoffkomponenten,

- Impuls und
- Energie

werden durch das Einsetzen der in der Tabelle 2.1 angeführten Transportgrößen und Austauschkoeffizienten in die allgemeine Bilanzgleichung (2.22) erhalten.

Tab. 2.1.: Bedeutung der Transportgröße, des Austauschkoeffizienten und des Quell-/Senkenterms in den verschiedenen Bilanzgleichungen

Bilanzgleichung	Größe ϕ	Austauschkoeffizient Γ_ϕ	Quell-/Senkenterm
Masse	1	0	0
Impuls	$\vec{w}$	μ	S_{Imp}
thermische Energie	h	μ/Pr	S_h
Stoffkomponente k	ξ_k	D_k	S_k

Die Gleichungen sind ebenso wie die Methoden zur Lösung der Gleichungen in dem verwendeten CFD-Programm Fluent aus dem Programmpaket ANSYS implementiert [Flu09].

2.3.3. Volume Of Fluid (VOF) Methode

Die Volume Of Fluid (VOF) Methode ermöglicht die Simulation von Bewegung mehrerer nicht mischbarer Fluide durch die Approximation der Grenzflächenverläufe aus den berechneten Fluidvolumen. Neben der Bilanzgleichung für Masse, Impuls und Energie wird unter Definition des Volumenanteils α, der angibt, welcher Anteil eines Kontrollvolumens von dem Fluid q eingenommen wird, die Bilanzgleichung für den Volumenanteil aufgestellt [Flu09]:

$$\frac{\partial \alpha_q}{\partial t} = -\text{div} \cdot (\alpha_q \vec{w}_q) + S_{\alpha_q} \tag{2.23}$$

Für die transiente Simulation mit dem VOF-Modell von ANSYS FLUENT wird der explizite Lösungsansatz verwendet. Die Grenzfläche zwischen den Fluiden wird durch zusätzliche Interpolationsfunktionen erhalten.

2.3.4. Euler-Lagrange Partikelmodell

Zur Berechnung von Gas-Partikel (fest oder flüssig)-Strömungen bietet sich die Kombination der Euler'schen Transportgleichungen zur Berechnung der kontinuierlichen Strömung mit dem Lagrange'schen Transportgleichungen zur Berechnung der Partikelflugbahnen an [ELLW12]. In der kontinuierlichen Strömung wird für eine repräsentative Anzahl an Partikel deren Bewegung durch die Impulsbilanz der Punktmechanik berechnet. Den maßgeblichen Einfluss haben

- der Strömungswiderstand,
- die virtuelle Massenkraft,
- die Auftriebskraft,
- die Druckkraft,
- die Kollisionskraft zwischen den Teilchen und
- die Gravitationskraft

auf die Bewegung der Partikel [Goe91]. Zur Beschreibung der Partikel-Wand-Interaktion bietet sich das Modell an, in dem Stoßzahlen in Abhängigkeit vom Aufprallwinkel zur Beschreibung des Impulsverlustes verwendet werden (vgl. Abbildung 2.10). Das Euler-Lagrange-Partikelmodell wird für die Beschreibung der Strömung im Kondensatabscheider verwendet. Die Partikel sind die Wassertröpfchen.

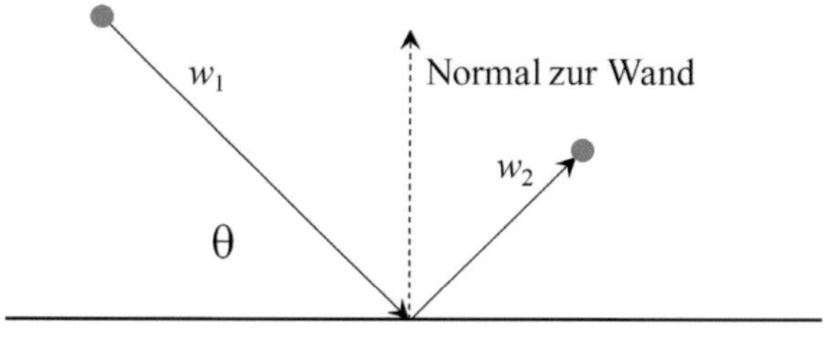

ABB. 2.10.: Verwendung von Stoßzahlen zur Beschreibung der Partikel-Wand-Interaktion [Inc10]

3. Auslegung des Membran-Luftbefeuchters

3.1. Allgemeines

Der Membranbefeuchter muss die Anforderungen des Brennstoffzellenstapels erfüllen. Dies ist einerseits eine sehr hohe Feuchtigkeit der PEM, andererseits dürfen die Kanäle aber nicht durch Kondensat verstopft werden. Der Membranbefeuchter soll aber auch ein möglichst kleines Bauvolumen (kleine Investition) und einen geringen Druckabfall (geringe Betriebskosten des Verdichters) aufweisen. Diese Optimierungsaufgabe mit den Anforderungen der Brennstoffzellen als Randbedingung wird durch Lösung eines analytischen Gleichungssystems (u.a. SHERWOOD Beziehung) gelöst.

Die Permeabilität wird vorab in Abschnitt 3.4 durch CFD-Simulationen mit Fluent und Messungen bestimmt. Und zwar werden die Parameter eines geeigneten Permeationsmodells in den CFD-Simulationen so angepasst, dass die Ergebnisse der CFD-Simulationen gut mit den Messungen übereinstimmen. Anschließend werden die analytisch berechneten Ergebnisse für die Gegen- und Gleichstromführung anhand der Bewertungskriterien beurteilt und diskutiert. Die als geeignet erachteten Lösungen liefern die Randbedingungen für eine weitere CFD-Simulation, die der Überprüfung des analytischen Ergebnisses dient (vgl. Abschnitt 3.5).

3.2. Anforderungen an die Reaktionsluft

Die Aufgabe der Reaktionsluft ist zum einen die Versorgung der PEM mit Luftsauerstoff und zum anderen die Regulierung des Wasserhaushaltes der PEM durch die Zu- und Abfuhr von Wasser, ohne dass sich Kondensat auf die Abgabe an elektrischer Leistung der Zellen auswirkt (vgl. Abschnitt 2.1.2). Der Protonenwiderstand der PEM ergibt sich aus der Feuchtigkeit der die PEM umgebenen Gase. Es wird ein Betrieb mit möglichst feuchten Gasen am Eintritt in die Zellen bei Unterschreitung der Sättigungsgrenze am Austritt aus den Zellen angestrebt, um eine möglichst hohe elektrische Leistung zu erzielen. In der Abbildung 3.1 ist das vereinfachte Verfahrensschema der Luftversorgung dargestellt. Die Nummern eins bis fünf kennzeichnen die Verfahrensschritte des Luftwegs

1 → 2 aus der Atmosphäre durch den Verdichter und den Ladeluftkühler,

2 → 3 die trockene Seite des Befeuchters,

3 → 4 die Kathodenseiten der Brennstoffzellen,

4 → 5 die feuchte Seite des Befeuchters und Abgabe in die Atmosphäre.

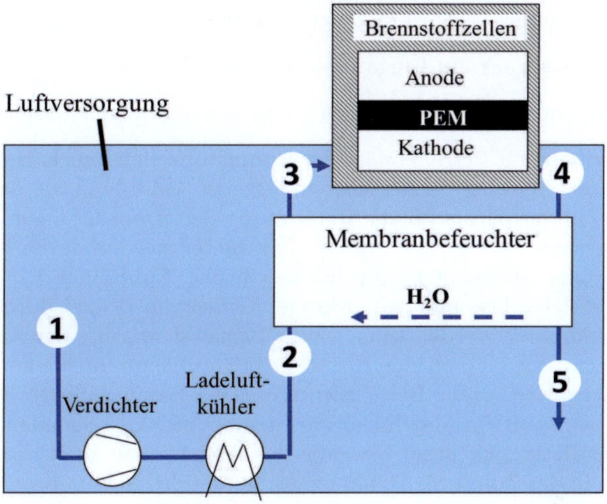

Abb. 3.1.: Vereinfachtes Verfahrensschema der Luftversorgung

Unter der Vorgabe der relativen Feuchtigkeit am Austritt aus dem Stapel in Punkt 4 wird die Anforderung an die Reaktionsluft in Punkt 3 berechnet. Es wird angenommen, dass der gemäß Reaktionsgleichung (2.3) linear zur Stromstärke ansteigende produzierte Wasserstrom durch die Reaktionsluft aufgenommen und dampfförmig aus den Zellen transportiert wird. Die Temperatur- und Druckänderungen auf dem Strömungsweg durch den Stapel von 3→4 wirken sich ebenso wie die Wasseraufnahme, die Sauerstoffumsetzung in den Zellen und die Stöchiometriezahl auf den Verlauf der relativen Feuchtigkeit in den Zellen aus. Die Temperaturzunahme vom Stapeleintritt 3 zum Stapelaustritt 4 wird als Temperaturdifferenz bezeichnet und bewirkt ebenso wie die Betriebstemperatur, die am Stapeleintritt 3 definiert ist, wegen der Temperaturabhängigkeit des Sättigungspartialdrucks, dass die Luft am Stapelaustritt mehr Wasser aufnehmen kann, als am Eintritt. Ähnliches bewirkt der Strömungswiderstand, der in einem Differenzdruck zwischen Stapelaustritt 4 und Stapeleintritt 3 resultiert und der Betriebsdruck, der am Stapeleintritt 3 definiert ist. Bei gleicher Temperatur und gleichem absoluten Wassergehalt steigt bei erhöhtem Gesamtdruck die relative

Feuchtigkeit an (Gesetz von Dalton). Dadurch vermindert sich der Bedarf an Befeuchtung bei höheren Drücken und sonst gleichen Verhältnissen.

- Das Luftverhältnis,
- die Erwärmung der Reaktionsluft von Stapelein- zum Stapelausgang um die Temperaturdifferenz,
- die Betriebstemperatur am Eingang in den Stapel,
- der Betriebsdruck am Eingang in den Stapel,
- und die Druckdifferenz zwischen Stapelein- und Stapelausgang

der charakteristischen Betriebsweise des Brennstoffzellenstapels HyMotion4 sind in Abhängigkeit der elektrischen Stromstärke in Abbildung 3.2 dargestellt. Ab 20 A ist das Luftverhältnis für die Berechnung der Anforderungen an die Reaktionsluft in etwa konstant. Die übrigen Parameter werden durch Funktionen in Abhängigkeit der Stromstärke beschrieben (siehe Abbildung 3.2). Die charakteristische Betriebsweise gibt vor, wie viel Wasser im Stapel durch die Reaktionsluft aufgenommen werden kann. Unter Berücksichtigung der Annahme, dass das produzierte Wasser von der Reaktionsluft aufgenommen und dampfförmig abtransportiert wird, unter Berücksichtigung des Sauerstoffverbrauchs und der nach dem Gesetz von Faraday linear zur Stromstärke ansteigenden produzierten Wasserstroms, lässt sich unter Vorgabe der Abgasfeuchtigkeit der erforderliche Wasserstrom in der Zuluft als Differenz des mitgeführten zum produzierten Wasserstrom berechnen. In den Diagrammen der Abbildung 3.3 sind die im zu 95 % gesättigten Abgas mitgeführten, die im Stapel produzierten und die berechneten erforderlichen Wasserströme in der Zuluft für die Betriebstemperaturen am Stapeleintritt von a) 80 °C, b) 70 °C und c) 60 °C dargestellt. Bei der Temperatur von 60 °C wird mehr Wasser produziert, als die Reaktionsluft aufnehmen kann. Dadurch ergibt sich der negative Wasserstrom am Stapeleingang, d.h. die Frischluft muss eine entsprechend geringe Feuchtigkeit aufweisen. Bei 70 °C Frischlufttemperatur ist ein Wasserstrom in der Zuluft erforderlich, um die relative Abgasfeuchtigkeit von 95 % zu erreichen. Mit zunehmender Temperatur erhöht sich der erforderliche Wasserstrom am Eintritt.

Zusätzlich zum erforderlichen Wasserstrom in der Zuluft wird die relative Feuchtigkeit am Stapeleintritt betrachtet, weil sich die relative Feuchtigkeit der Zuluft auf den Protonenwiderstand der PEM und infolgedessen auf die vom Stapel abgegebene elektrische Leistung auswirkt. In den Diagrammen a) und b) der Abbildung 3.4 sind die unter Berücksichtigung der charakteristischen Betriebsweise berechneten Anforderungen des Brennstoffzellenstapels an a) die relative Feuchtigkeit und b) den enthaltenen Wassermolstrom der zugeführten Reaktionsluft im Lastbereich von 10 A bis 400 A und für Betriebstemperaturen von 60 °C bis 80 °C dargestellt. Die relative Luftfeuchtigkeit des Kathodenabgases wird zu

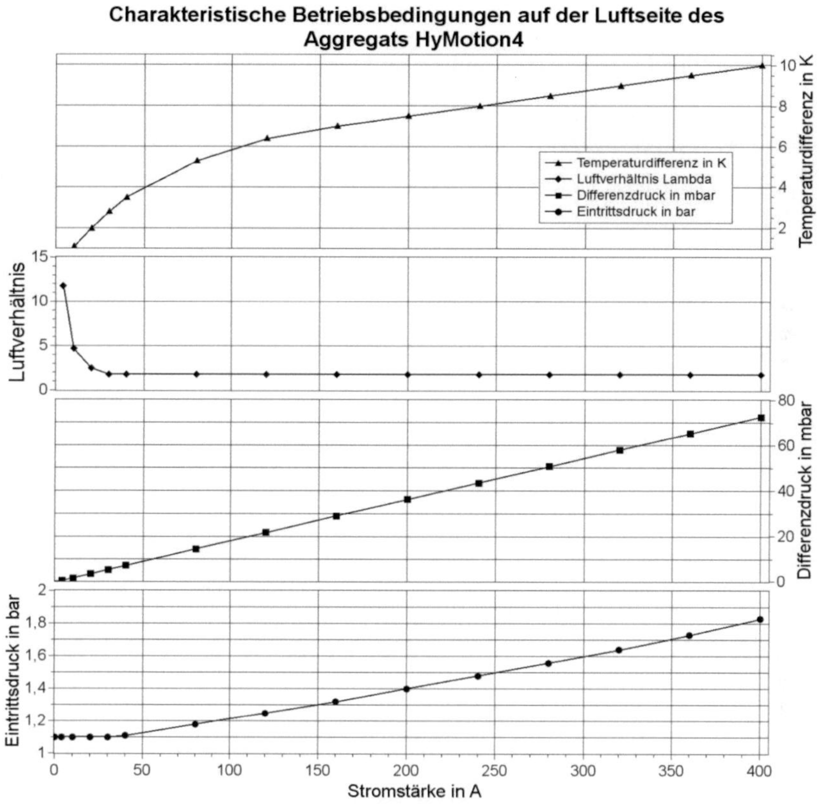

Abb. 3.2.: Luftverhältnis, Temperaturen und Drücke am Ein- und Austritt des Brennstoffzellenstapels für die charakteristische Betriebsweise des Brennstoffzellenstapels im HyMotion4 Aggregat. Mit Erhöhung des Luftverhältnisses kann mehr Wasser in die Zellen eingetragen und aus den Zellen ausgetragen werden. Eine Erhöhung der Betriebstemperatur bei gleichem Gesamtdruck bewirkt die Erhöhung des Sättigungsdampfdrucks und infolgedessen die Erhöhung der Wasseraufnahmefähigkeit. Durch eine Steigerung des Gesamtdrucks bei gleicher Temperatur wird erreicht, dass mit dem gleichen Wasserstrom ein größerer Luftmassenstrom auf eine ebenso hohe relative Feuchtigkeit befeuchtet werden kann (Gesetz von Dalton).

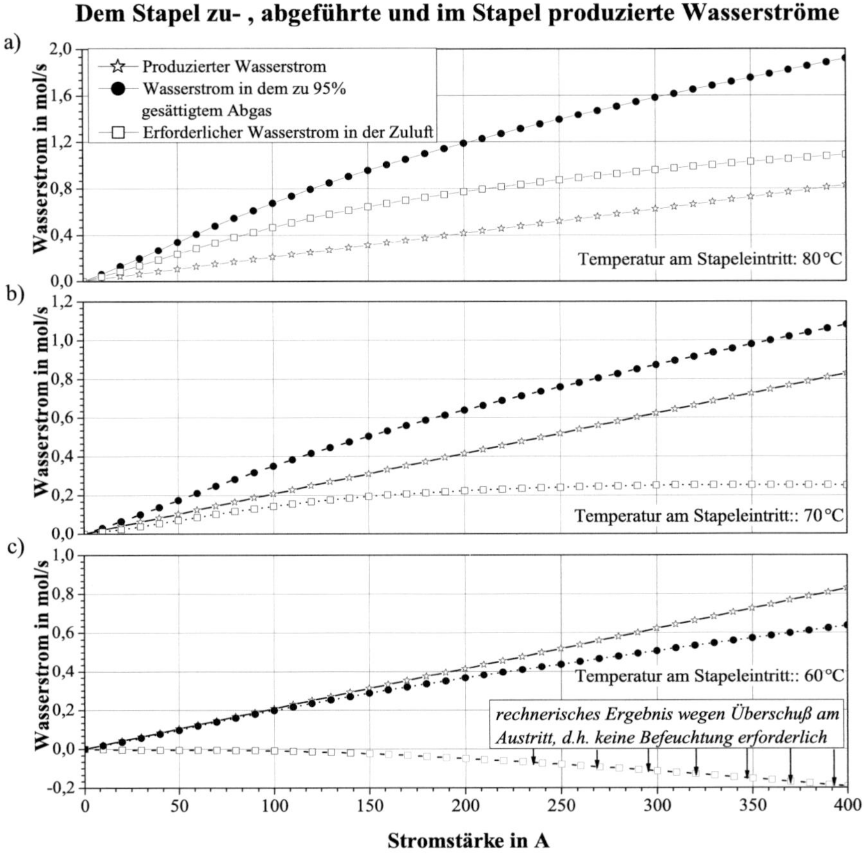

Abb. 3.3.: Der benötigte Wasserstrom am Stapeleintritt ergibt sich aus der Differenz des produzierten und dem im zu 95 % gesättigtem Abgas mitgeführten Wasserstrom bei a) 80 °C, b) 70 °C und c) 60 °C Zulufttemperatur am Stapeleintritt aufnimmt. Die charakteristische Betriebsweise (vgl. Abbildung 3.2) bestimmt den Anstieg des im Abgas mitgeführten Wasserstroms.

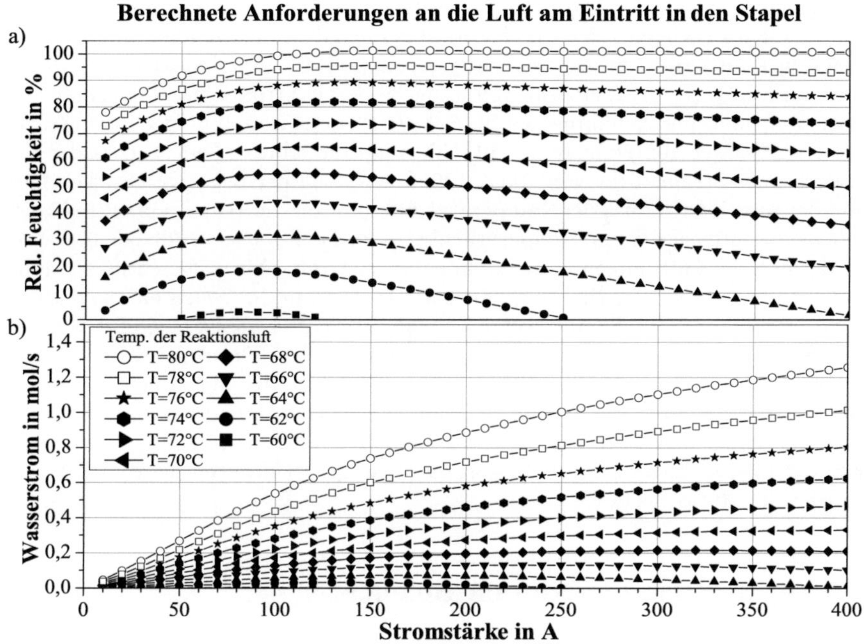

Abb. 3.4.: Unter Berücksichtigung der charakteristischen Betriebsweise und der Annahme von 95 % relativer Feuchtigkeit des Kathodenabgases berechnete Anforderung an die zugeführte Luft am Eintritt in den Stapel: a) Relative Luftfeuchtigkeit b) Wassermolstrom

95 % vorgegeben, um einer möglichen Kondensatbildung vorzubeugen. Aus den Berechnungen geht hervor, dass der Zuluftstrom ab einer Temperatur von 60 °C Wasser enthalten muss, um die 95 % relative Feuchtigkeit am Kathodenausgang zu erreichen, weil die Temperaturzunahme den Sättigungsdampfdruck erhöht, so dass die Wasseraufnahmefähigkeit der Reaktionsluft größer ist als der durch die Reaktion entstehende Wasserstrom. Mit zunehmender Betriebstemperatur ist mehr Wasser im Zuluftstrom erforderlich. Bei Temperaturen bis 70 °C bewirkt der mit der Stromstärke zunehmende Betriebsdruck, dass die Wasseraufnahmefähigkeit der Luft mit zunehmender Stromstärke geringer wird oder gleich bleibt. Ab einer Betriebstemperatur oberhalb von 70 °C ist der Einfluss der Temperatur auf die Wasseraufnahmefähigkeit maßgeblich, so dass mit zunehmender Stromstärke ein Zuluftstrom mit höherer relativer Feuchtigkeit erforderlich ist.

Der Verlauf der Temperaturdifferenz zwischen Stapelein- und Stapelaustritt (vgl. Abbildung 3.2) zeichnet sich durch eine abnehmende Steigung aus. Infolgedessen steigt die erforderliche relative Feuchtigkeit der Zuluft für Stromstärken bis 100 A stark an und wird für Temperaturen unter 80 °C bei Stromstärken oberhalb von 100 A aufgrund der Zunahme des Betriebsdrucks mit Zunahme der Stromstärke geringer. Bei der Temperatur von 80 °C beträgt die relative Feuchtigkeit der Zuluft ab einer Stromstärke von 100 A 100 %, weil sich der negative Druckeinfluss und der positive Einfluss der Temperaturdifferenz auf die Wasseraufnahmefähigkeit der Zuluft bei diesem Temperaturniveau aufheben. Das produzierte Wasser wird durch die Luft aufgenommen, ohne dass sich die relative Feuchtigkeit signifikant ändert. Die Luft tritt im gesättigten Zustand in die Zellen ein, so dass sie über den gesamten Strömungsweg maximal mit Wasser versorgt sind. Eventuell entstehendes Kondensat wird durch den relativ hohen Druckabfall bei >100 A problemlos ausgetragen. In der Abbildung 3.4 b) ist der berechnete benötigte Wassermolstrom über der Stromstärke aufgetragen. Während bei Temperaturen unter 69 °C der benötigte Wasserstrom bei höheren Stromstärken geringer wird, steigt der Wasserstrom oberhalb von 69 °C aufgrund der Temperatur kontinuierlich mit der Stromstärke an.

3.3. Anforderungen an den Befeuchter

Durch die Anwendung der Analogie von Wärme- zu Stoffübertragern bestimmt das charakteristische Verhalten von Stoffübertragern für die Gleich-, Kreuz- und Gegenstromführung [Bra71, Mer86, GH99, MVP⁺05, Mat09, BS10, Bra12].Das Produkt ($\beta_{\mathrm{D}} \cdot A$) aus dem Stoffdurchgangskoeffizienten in m/s und der benötigten Membranfläche (vgl. Gleichung (2.10)). Wird der Stoffdurchgangskoeffizient vereinfachend als konstant angenommen, kann die benötigte Membranfläche überschlägig berechnet werden. In dem vereinfachten Verfahrensfließbild der Abbildung 3.1 sind die Verfahrensabschnitte der Luftversorgung des Brennstoffzellenstapels grafisch dargestellt. Für die Berechnung der ($\beta_{\mathrm{D}} \cdot A$)-Werte aus den charakteristischen Übertragungsgleichungen für Gleich-, Kreuz- und Gegenstromübertrager werden die volumetrischen Konzentrationen von Wasser in den Verfahrensabschnitten 1 bis 4 benötigt. Weiterhin werden die Volumenströme am trockenen und am feuchten Eingang (Abschnitt 2 und 4) benötigt, die aus der Stoffbilanz und dem Faraday-Gesetz gewonnen werden. Zur Berechnung der Konzentrationen an den Abschnitten 1 bis 4 (vgl. Abbildung 2.2) werden die Annahmen getroffen:

1 Die Reaktionsluft wird einer trockenen Umgebung (rel. Feuchtigkeit beträgt 0 %) entnommen[18].

[18] In diesem Fall wird die größte Luftbefeuchter-Membranfläche benötigt.

2 Der Verdichter stellt den vom Lastpunkt abhängigen Betriebsdruck ein. Die Verdichtung resultiert in einer Erwärmung der Luft. Die Temperatur muss kleiner sein als die zulässige Membrantemperatur und daher wird die Wärme durch einen Wärmeübertrager an die Umgebung abgeführt, so dass am Eintritt in den Befeuchter die **Betriebstemperatur** und der **Betriebsdruck** des Stapels angenommen werden. Die Befeuchtung führt im stationären Betrieb zu keiner wesentlichen Temperaturänderung, weil gegebenenfalls gleichzeitig eine Wärmeübertragung stattfindet. Die Strömungswiderstände des Luftfilters, des Ladeluftkühlers, der Armaturen und der Strömungswege werden vernachlässigt.

3 Die Wasserkonzentration wird aus den berechneten Anforderungen an die zugeführte Reaktionsluft gewonnen (vgl. Abbildung 3.2). Es ergibt sich das Diagramm der benötigten Wasserkonzentration in Abhängigkeit des Stroms aus Abbildung A.2.

4 Die Wasserkonzentration am Stapelaustritt ergibt sich aus der Vorgabe der relativen Feuchtigkeit des Kathodenabgases von 95 %. Die charakteristische Betriebsweise gibt den Druck und die Temperatur am Stapelaustritt vor.

In Abbildung 3.5 sind die durch die charakteristischen Übertragungsgleichungen der Gleich-, Kreuz- und Gegenstromübertrager[19] unter Berücksichtigung der charakteristischen Betriebsweise des Stapels und der Vorgabe von 95 % relativer Feuchtigkeit am Stapelaustritt berechneten ($\beta_D \cdot A$)-Werte über der produzierten Last für die Betriebstemperaturen 60 °C bis 80 °C aufgetragen. Für die überschlägige Berechnung sind auf der sekundären Ordinate die Flächen für den Stoffdurchgangskoeffizienten $\beta_D = 0,02\,\mathrm{m/s}$ aufgetragen. Im Diagramm a) aus Abbildung 3.5 sind die ($\beta_D \cdot A$)-Werte für den Befeuchter in Gleichstromführung dargestellt. Für Temperaturen bis 70 °C ist die Befeuchtung durch den Gleichstrom Befeuchter mit $\beta_D \cdot A = 0,03\,\mathrm{m^3/s}$ möglich. Die überschlägige Berechnung zeigt, dass eine Membranfläche von 1,6 $\mathrm{m^2}$ erforderlich ist. Oberhalb der Betriebstemperatur 70 °C kann der Gleichstrom Befeuchter aufgrund der betriebsbedingten Übertragungsgrenze die Zuluft nicht ausreichend befeuchten. Weiterhin sind in der Abbildung 3.5 die berechneten Anforderungen an b) den Kreuzstrom- und c) den Gegenstrom Befeuchter dargestellt. Die Berechnungen zeigen, dass die Strömungsführung im Kreuzstrom mit $\beta_D \cdot A = 0,13\,\mathrm{m^3/s}$ und einer Fläche von 6,5 $\mathrm{m^2}$ bei einer Betriebstemperatur von 80 °C möglich ist, eine Strömungsführung im Gegenstrom erfordert bei 80 °C $\beta_D \cdot A = 0,055\,\mathrm{m^3/s}$ und eine Fläche von 2,75 $\mathrm{m^2}$. Mit abnehmender Betriebstemperatur nimmt die erforderliche Membranfläche aufgrund der geringer werdenden Wasseraufnahmefähigkeit ab. Bei 70 °C beträgt die überschlägig berechnete Fläche 1,5 $\mathrm{m^2}$ für den

[19] Für die Kreuzstromführung wird die einseitig vermischte Betriebsweise als gute Näherung angenommen, weil der beidseitig ungemischte Fall nicht ohne erheblichen Aufwand analytisch lösbar ist [BS10].

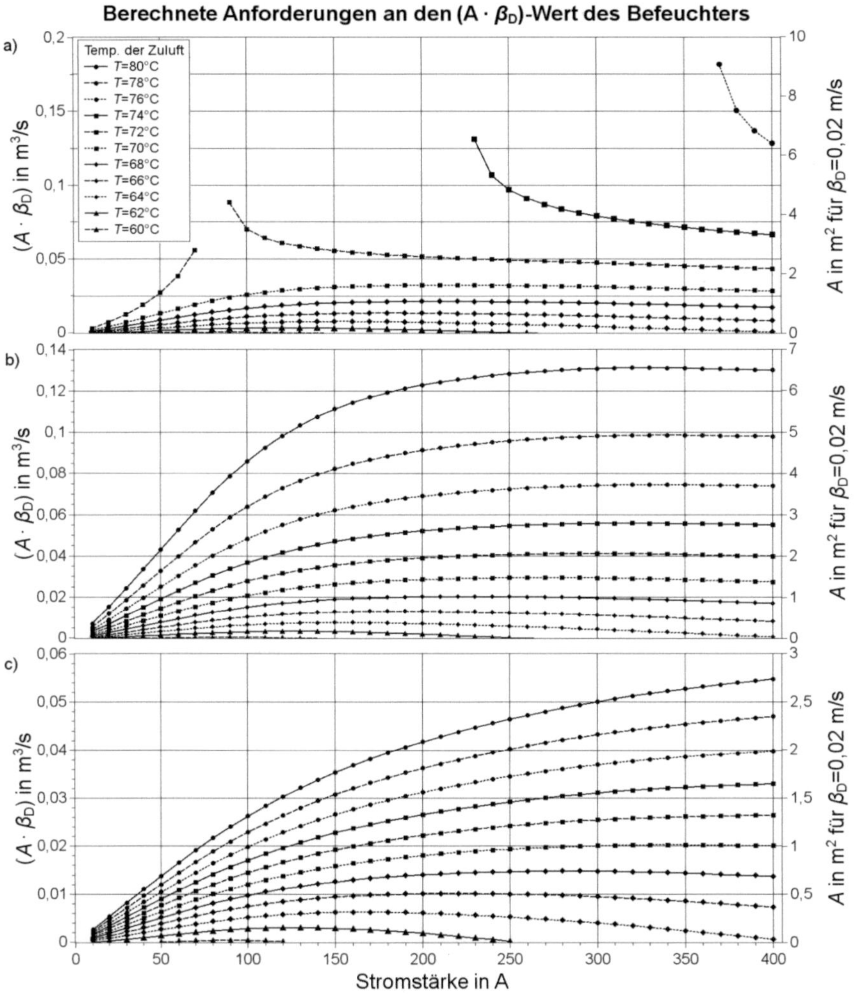

Abb. 3.5.: Anforderung an den Befeuchter: Berechnete $(\beta_D \cdot A)$-Werte unter Berücksichtigung der charakteristischen Betriebsweise für die relative Feuchtigkeit am Stapelaustritt von 95 % und den charakteristischen Übertragungsgleichungen für a) Gleichstrom Befeuchter, b) Kreuzstrom Befeuchter und c) Gegenstrom Befeuchter

Kreuzstrom- und $1\,m^2$ für den Gegenstrom Befeuchter. Durch die Berechnung der $(\beta_D \cdot A)$-Werte wird eine Aussage über die Einsatzmöglichkeit der Strömungsführungen getroffen und es ist eine überschlägige Berechnung der aufzuwendenden Membranfläche möglich. Für den Auslegungsprozess ist die Berechnung der Stoffdurchgangskoeffizienten unter Variation von Betriebs- und Geometrieparametern erforderlich. Für die Berechnung von Stoffdurchgangskoeffizienten ist die Bestimmung der Membran-Permeabilität erforderlich.

3.4. Messung von Stoffdurchgangskoeffizienten in Gleichstromversuchen, Bestimmung der Permeabilität und der Koeffizienten eines Permeabilitätsmodells

Um die aufzuwendende Membranfläche des Membranbefeuchters zu bestimmen, liefern die charakteristischen Betriebsbedingungen, die vorgegebene Feuchtigkeit des Kathodenabgases und die charakteristischen Übertragungseigenschaften der Befeuchter die Anforderungen an den $(\beta_D \cdot A)$-Wert des Befeuchters. Auf den Stoffdurchgangskoeffizienten wirken sich die Widerstände der Konzentrationsgrenzschichten und der Membran aus (vgl. Abbildung 2.9). Die Dicke einer Grenzschicht ändert sich mit dem Strömungsweg und der Gasgeschwindigkeit des strömenden Fluids. Der Membranwiderstand ändert sich mit deren Permeabilität, die von der Feuchtigkeit der die Membran umgebenden Gase abhängt.

Mit der Überströmungsmethode wird der Stoffdurchgangskoeffizient bestimmt. Die Berechnung der Grenzschichtwiderstände erfolgt durch CFD-Simulationen. Die Permeabilität ergibt sich aus der Differenz des Stoffdurchgangskoeffizienten und der Grenzschichtwiderstände. Durch die Variation der Gasfeuchtigkeiten und infolgedessen der Membran-Permeabilität wird eine Abhängigkeit zwischen Permeabilität und der Gasfeuchtigkeiten hergeleitet.

Zur Beschreibung der Veränderlichkeit der Permeabilität wird die Funktion 3.11 vorgestellt, die die mit der vorgestellten Methode bestimmte Abhängigkeit der Permeabilität von der mittleren Wasseraktivität, mit der sich die Membran im Gleichgewicht befindet, berücksichtigt.

3.4.1. Versuche

Der Versuchsaufbau umfasst zum einen den Aufbau des Prüfstandes und zum anderen den Aufbau des Prüflings. In der Abbildung 3.6 ist ein vereinfachtes Fließbild des Prüfstandes dargestellt, mit dem die Überströmungsversuche durchgeführt werden. Die Gase Stickstoff (feuchte Seite) und Sauerstoff (trockene Seite) werden aus Druckbehältern durch Regelungen der speicherprogrammierten

Steuerung in gewählter Menge durch Verdampfer befeuchtet und bei gewähltem Druck und bei gewählter Temperatur bereitgestellt. Die Sensorspezifikationen sind in der Tabelle A.1 aufgeführt. Der Prüfling ist so aufgebaut, dass die sul-

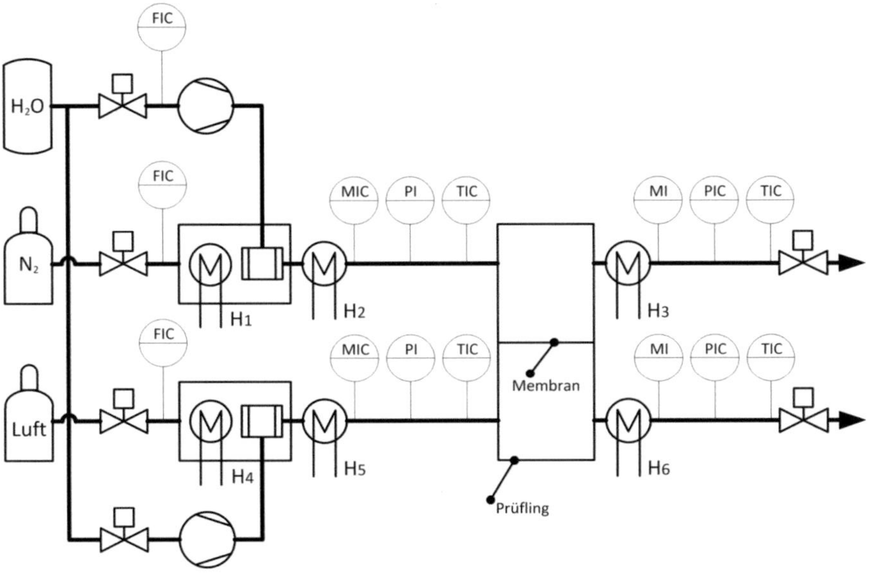

Abb. 3.6.: Vereinfachtes Verfahrensfließbild des Prüfstandes. Die Sensorspezifikationen sind in der Tabelle A.1 aufgeführt.

fonierte Polymermembran, gestützt durch eine perforierte Metallfolie, von zwei Seiten mit den Prüfstandgasen umströmt wird. Das trockene und das feuchte Gas werden je durch ein Flussfeld, bestehend aus 13 parallelen Kanälen, an der Membran entlang geführt. Die ganze Anordnung ist in einem isolierten und elektrisch beheiztem Gehäuse untergebracht, so dass die Messungen isotherm durchgeführt werden können. In der Abbildung 3.7 ist der Aufbau des Prüflings schematisch dargestellt. Durch die Abdeckung der Membran mit Teflonfolie wird erreicht, dass die wirksame Fläche durch die Reduzierung der Länge verringert wird. Die Gleichstromführung bietet die Besonderheit, dass zum einen die relativen Austritts-Feuchtigkeiten über der Membranlänge aufgetragen werden können, so dass sich ein aussagekräftiger Verlauf ergibt (vgl. Abbildung 3.7). Zum anderen können annähernd symmetrische Verläufe von Feuchtigkeiten untersucht werden, so dass die Permeabilität der Membran für unterschiedliche Längen konstant ist (vgl. Abschnitt 3.4.3). Es werden die Membranlängen 7,1 cm, 5 cm und 1,5 cm untersucht. Für die Auswertung werden normierte Membranlängen herangezogen (vgl. Tabelle 3.1). Es werden die relativen Feuchtigkeiten, die Massenströme

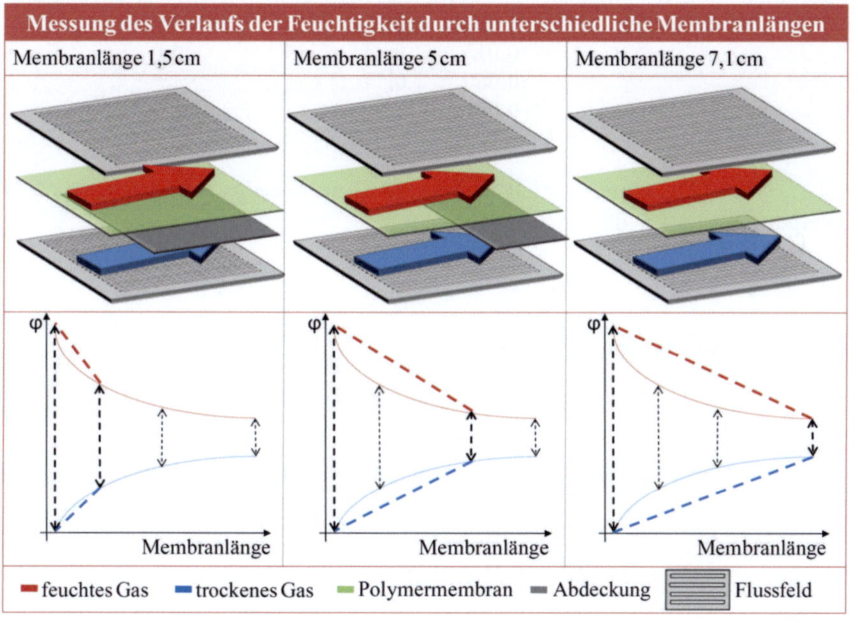

ABB. 3.7.: Messung des Verlaufs der Feuchtigkeit für unterschiedliche Membranlängen durch Abdeckung der Membran mit einer Teflonfolie

der trockenen Gase, Temperaturen und Drücke für unterschiedliche Membranlängen gemessen. Daraus werden unter Anwendung der idealen Gasgleichung die benötigten Konzentrationen an den Ein- und Auslassen des Prüflings berechnet, um die logarithmische Mittelkonzentration $\Delta c_{\mathrm{log,H_2O}}$ in mol/m^3 nach Gleichung (2.12) zu berechnen. Mit den gemessenen Massenströmen der trockenen Gase und den Konzentrationen lässt sich die Stoffbilanz zwischen den beiden Ein- und Auslassen der trockenen und der feuchten Seite aufstellen, so dass sich auf zwei Wegen der übertragene Wassermolstrom berechnen lässt. Zum einen wird durch die Stoffbilanz der feuchten Seite der Wassermolstrom berechnet, der das feuchte Gas verlässt $\dot{n}_{\mathrm{H_2O,f}}$, und zum anderen wird durch die Stoffbilanz der trockenen Seite der Wassermolstrom berechnet, der in das trockene Gas eintritt

Tab. 3.1.: Zum Einsatz kommende Membranlängen L_{Mem} in absoluter und für die Auswertung normierter Form

L_{Mem}	x/L_{Mem}
m	-
0,000	0,00
0,015	0,21
0,050	0,77
0,071	1,00

$\dot{n}_{\mathrm{H_2O,t}}$. Nach Umstellung der Gleichung (2.13) werden die Stoffdurchgangskoeffizienten $\beta_{\mathrm{D,t,Exp}}$ für die trockene Gasseite

$$\beta_{\mathrm{D,t,Exp}} = \frac{\dot{n}_{\mathrm{H_2O,t}}}{A_{\mathrm{Mem}} \cdot \Delta c_{\mathrm{log,H_2O}}} \tag{3.1}$$

und $\beta_{\mathrm{D,f,Exp}}$ für die feuchte Gasseite

$$\beta_{\mathrm{D,f,Exp}} = \frac{\dot{n}_{\mathrm{H_2O,f}}}{A_{\mathrm{Mem}} \cdot \Delta c_{\mathrm{log,H_2O}}} \tag{3.2}$$

aus den Messwerten der beiden Gasströmen und der Membranfläche A_{Mem} gewonnen.

Die übertragenen Wassermolströme unterscheiden sich bis zu 25 %. Aufgrund des symmetrischen Verlaufs der Konzentrationen wird der arithmetische Mittelwert der Wassermolströme zur Bestimmung der Stoffdurchgangskoeffizienten gewählt. Der arithmetische Mittelwert führt zum mittleren Stoffdurchgangskoeffizienten

$$\beta_{\mathrm{D}} = \beta_{\mathrm{D,m,Exp}} = \frac{\beta_{\mathrm{D,f,Exp}} + \beta_{\mathrm{D,t,Exp}}}{2}. \tag{3.3}$$

Zur vollständigen Angabe des Messergebnisses gehört nach DIN 1319 [Nor99] die Angabe der Messunsicherheit

$$u(\beta_{\mathrm{D,m,Exp}}).$$

Für die Berechnung wird auf die Garantiefehlergrenze der Sensoren zurückgegriffen. Diese sind in der Tabelle A.1 angegeben.

3.4.2. Simulationen

Aus den Messungen werden die Stoffdurchgangskoeffizienten ausgewertet. Diese beinhalten die Transportwiderstände der Grenzschichten beiderseits der Membran und die Permeabilität der Membran. In Verbindung mit der Komponentenbilanz, die die Diffusionsgleichungen für Wasser in den verwendeten Gasen beinhaltet, und den Impulsbilanzen wird ein Permeationsmodell zur Berechnung des Stofftransports durch die Membran in die CFD-Software implementiert und angewendet, so dass die Geschwindigkeits- und Konzentrationsfelder in den Kanälen annähernd korrekt berechnet werden. Durch die Annäherung des berechneten Stoffdurchgangskoeffizienten an die experimentell bestimmten ergibt sich eine Näherungslösung für die Permeabilität. Weil sich die Permeabilität mit dem Wassergehalt der Membran ändert, wird eine Abhängigkeit zwischen der relativen Feuchtigkeit der die Membran umgebenden Gase und der Permeabilität vorgestellt und in dem Permeationsmodell angewendet. Zum Einsatz kommt das CFD-Programm Fluent aus dem Programmpaket ANSYS der Version 13.5. Das Permeationsmodell wird ebenso wie die verwendeten Stoffdaten über die sogenannten User Defined Functions (UFD) in das Programm implementiert. Das CFD-Programm verwendet finite Volumenelemente dV und Massen in den Bilanzgleichungen. Mit der gemittelten Dichte des Wasserdampfs bei den jeweiligen Partialdrücken zwischen feuchter und trockener Seite

$$\rho_{\mathrm{m}} = \frac{\rho_{\mathrm{H_2O,f}} + \rho_{\mathrm{H_2O,t}}}{2}, \tag{3.4}$$

ergeben sich aus der Permeationsgleichung (2.18) die volumetrischen Quell- und Senkenterme $dS_{\mathrm{H_2O}}$ in der Einheit kg/(s·m^3) für ein an die Membran angrenzendes Kontrollvolumen dV

$$dS_{\mathrm{H_2O}} = \rho_{\mathrm{m}} \cdot dA \cdot Pe \frac{\Delta p_{\mathrm{H_2O}}}{\delta_{\mathrm{Mem}}} \cdot \frac{1}{dV} \tag{3.5}$$

für die Komponenten- und die Massenbilanz[20]. Die Abbildung 3.8 veranschaulicht das verwendete Permeationsmodell anhand von zwei an die Membran angrenzenden Volumenelementen. Die Komponenten- und die Massensenke bzw. -quelle sind in den an die Membran angrenzenden, sich gegenüberliegenden Zellen wirksam.

In der Abbildung 3.9 ist die Geometrie des Rechenmodells dargestellt. Sie besteht aus einem der 13 experimentell untersuchten sich gegenüber liegenden Kanalpaare (vgl. Abbildung 3.7). Die Symmetrieachse der Kanäle wird genutzt, um den Rechenraum zu halbieren. Der Einfluss der verwendeten Feinheit des Rechennetzes wird durch eine Studie des Rechennetzes untersucht, bei der die Feinheit des Rechennetzes erhöht wird und die interessierenden Endwerte verglichen werden. Die Anzahl der Unterteilungen wird in der Breite, Höhe und Länge der Kanäle unter Verwendung der höchsten Anzahl der übrigen Parameter variiert (vgl. Tabelle A.3) und die relative Feuchtigkeit am Austritt des Kanals für das trockene Gas sowie die Druckdifferenz zwischen Ein- und Auslass des

[20] Der Quellen-/Senkenterm wird in der Massenbilanz benötigt, wenn für jede der beiden Gasseiten eine Massenbilanz gelöst wird.

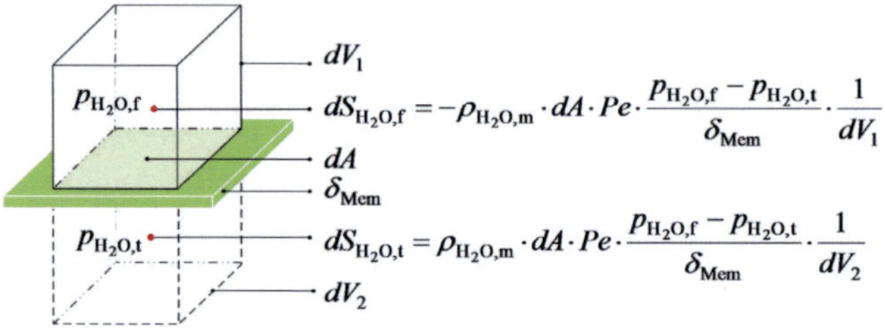

Abb. 3.8.: Schematische Darstellung des Permeationsmodells anhand zweier endlich großer Kontrollvolumina dV_1 und dV_2. Die Kontrollvolumina werden durch die gemeinsame Membranfläche dA getrennt. Anhand der Wasserdampfpartialdruckdifferenz wird der permeierende Wassermassenstrom berechnet und als Quellen- und Senkenterm in der Komponenten- und Massenbilanz berücksichtigt. Die Membran wird als unendlich dünne Wand angenommen, deren Dicke δ in dem Permeationsmodell berücksichtigt wird.

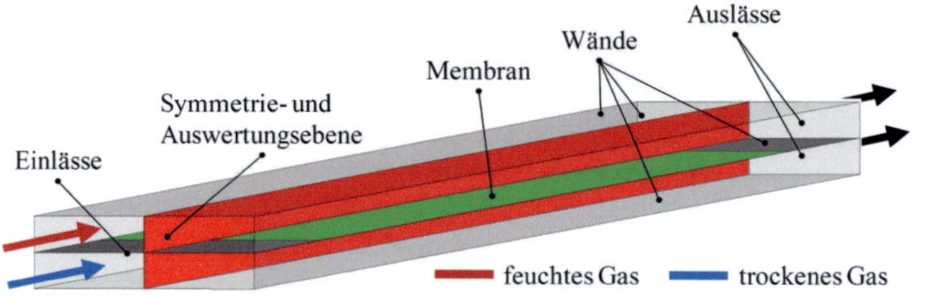

Abb. 3.9.: Darstellung des verwendeten Rechenmodells für die Validierung in Gleichstromführung. Das Rechenmodell verwendet zwei sich gegenüberliegende Kanäle aus dem Flussfeld, das in den experimentellen Untersuchungen zum Einsatz kommt. Durch die Ausnutzung der Symmetrieebene wird der Rechenraum halbiert.

Kanals für das trockene Gas ausgewertet. In dem Diagramm aus Abbildung 3.10 ist in a) die Änderung der Feuchtigkeit und in b) die Druckdifferenz zwischen Aus- und Eintritt des trockenen Gases unter Variation eines der Parameter Höhe, Länge und Breite aufgetragen. Das Rechennetz mit einer Elementgröße von $3 \cdot 10^{-5}$ m in der Höhe, $2 \cdot 10^{-5}$ m in der Breite, $5 \cdot 10^{-4}$ m in der Länge und einer Elementanzahl von $4{,}66 \cdot 10^4$ liefert mit einer Abweichung von unter 1 % ausreichend genaue Rechenergebnisse bei akzeptablen Berechnungszeiten. Die Abbildung des verwendeten Rechennetzes ist in der Abbildung 3.11 dargestellt. Die CFD-Simulation liefert die Rechengrößen in jedem definierten Kontrollvolu-

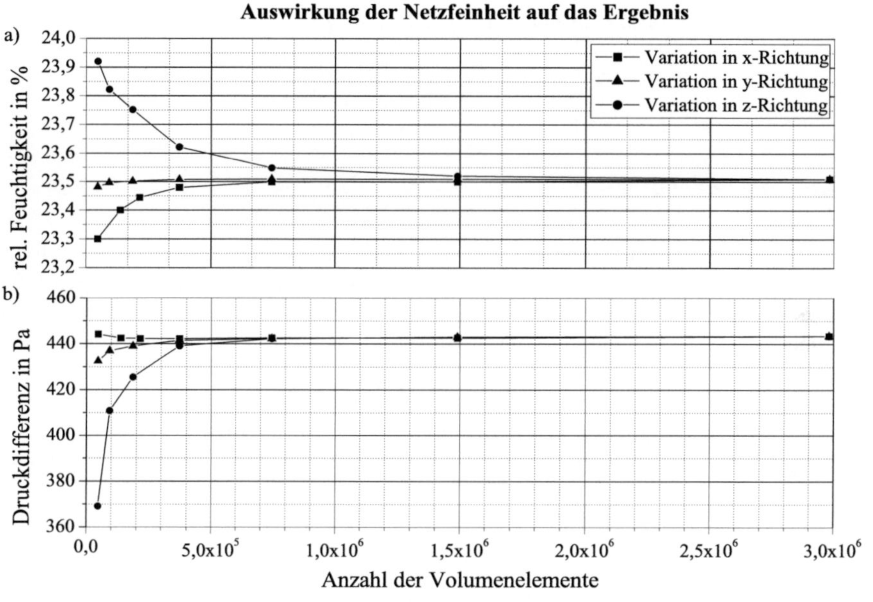

Abb. 3.10.: Bestimmung der benötigten Feinheit des Rechennetzes unter Variation der Anzahl an Unterteilungen in den drei Raumrichtungen

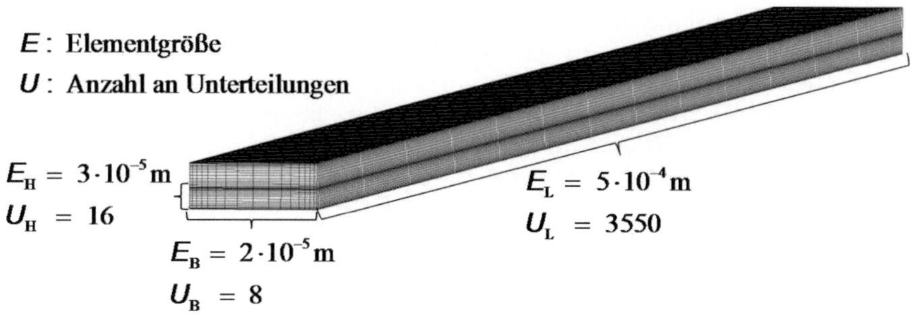

Abb. 3.11.: Darstellung des verwendeten Rechennetzes

men, so dass Stoffdurchgangskoeffizienten aus der Stoffbilanz und den über die Kanalquerschnittflächen orthogonal zur Strömungsrichtung gemittelten Konzentrationen und der Membranfläche nach Gleichung (3.6) berechnet werden.

$$\beta_{\mathrm{D}} = \beta_{\mathrm{D,Sim}} = \frac{\dot{n}_{\mathrm{H_2O}}}{A_{\mathrm{Mem}} \cdot \Delta c_{\mathrm{log,H_2O}}} \tag{3.6}$$

3.4.3. Auswertung

Der Wassergehalt der Membran ändert sich mit der die Membran umgebenden Wasseraktivität, die als Verhältnis von Wasserdampfpartialdruck zum Sättigungsdampfdruck vereinfacht werden kann (vgl. Gleichung (2.20)). Weil die Membran zwei Gase voneinander trennt, die sich durch eine unterschiedliche Wasseraktivität auszeichnen, wird ein Mittelwert der Wasseraktivität gebildet, mit der sich die Membran im Gleichgewicht befindet. Anhand der mittleren Wasseraktivität wird die über die Membrandicke gemittelte Permeabilität angegeben. Der Mittelwert wird arithmetisch aus den Aktivitäten der die Membran lokal umgebenden Gase gebildet [SDB12]

$$a_{\mathrm{H_2O,m}} = \frac{a_{\mathrm{H_2O,f}} + a_{\mathrm{H_2O,t}}}{2}, \tag{3.7}$$

so dass sich die Abhängigkeit der Permeabilität von der mittleren Aktivität der die Membran umgebenden Gase ergibt. In den Diagrammen der Abbildung 3.10 sind die gemessenen und die berechneten Ergebnisse a) der relativen Feuchtigkeiten entlang der Membran für das trockene und das feuchte Gas und b) der mittleren Stoffdurchgangskoeffizienten über der dimensionslosen Länge der Membran aufgetragen. Die Isoflächen der relativen Feuchtigkeit in der Symmetrieebene des untersuchten Kanals (vgl. Abbildung 3.9) aus den CFD-Simulationen sind im Anhang A.4 dargestellt. Die Messreihen zeichnen sich durch unterschiedliche Eintrittsfeuchten der Gase aus. Dadurch stellen sich drei mittlere Wassergehalte der Membran ein, die sich in drei unterschiedlichen Permeabilitäten für drei mittlere Wasseraktivitäten auswirken. Eine Messreihe besteht aus drei Messungen mit gleichen Eintrittsfeuchten und den Membranlängen aus Tabelle 3.1 und führt zu dem Verlauf der Feuchten des trockenen und des feuchten Gases entlang der Membran. Die drei Messreihen zeichnen sich durch Randbedingungen mit gleichen Drücken, Temperaturen, Geschwindigkeiten und unterschiedlichen Eintrittsfeuchten, so dass sich bei den Messpunkten ein annähernd symmetrischer Verlauf der relativen Feuchtigkeiten von feuchter und trockener Seite abzeichnet. Die Symmetrieachse zwischen dem Verlauf der relativen Feuchtigkeit von feuchter und trockener Seite sind die mittleren relativen Feuchtigkeiten, aus denen mit der Annäherung nach Gleichung (2.20) die mittlere Wasseraktivität (Gleichung (3.7)) an der Ordinatenachse abgelesen werden. Die mittlere Wasserakti-

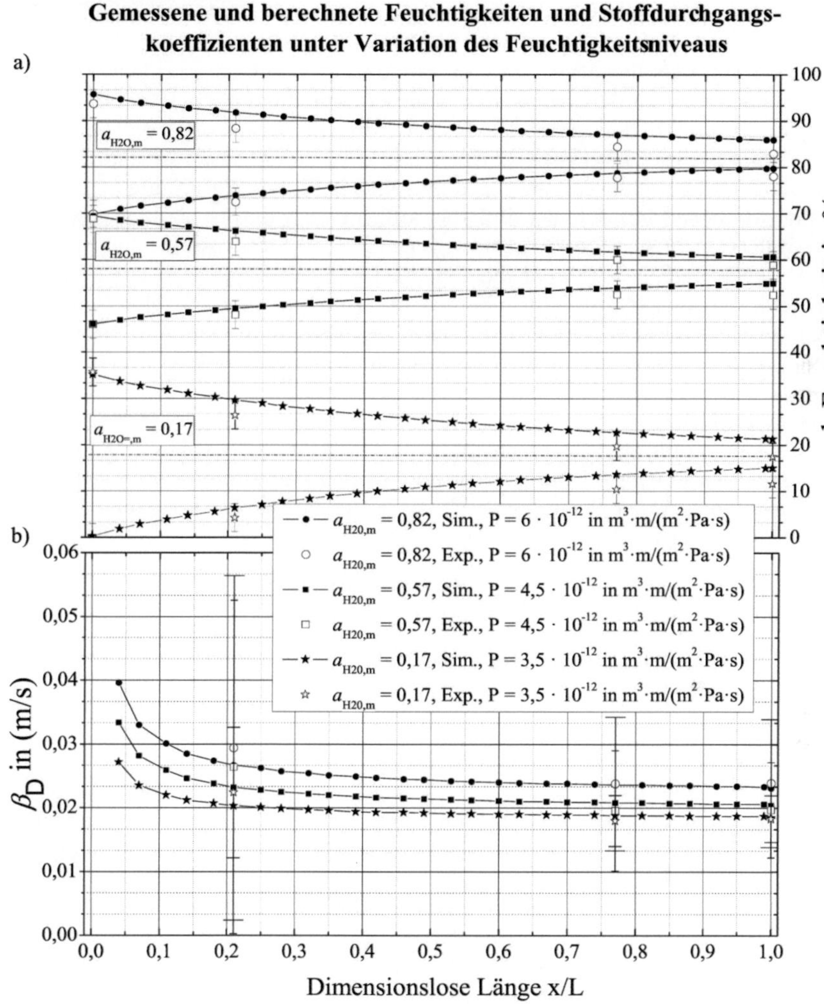

Abb. 3.12.: Vergleich der gemessenen und berechneten a) relativen Feuchtigkeiten und b) Stoffdurchgangskoeffizienten unter Variation der mittleren Wasseraktivität: Durch die Erhöhung der mittleren Wasseraktivitäten (Symmetrieachsen) nimmt die Permeabilität aufgrund der Quellung zu. Der Verlauf der Stoffdurchgangskoeffizienten zeichnet sich durch einen ähnlichen aber in Ordinatenrichtung versetzten Verlauf aus. Der Unterschied ist auf die Änderung der Permeabilität zurückzuführen. Die berechneten Stoffdurchgangskoeffizienten werden durch die Wahl der Permeabilität an die experimentell bestimmten angenähert.

vität bestimmt den mittleren Wassergehalt der Membran. Die Annahme, dass sich die Permeabilität mit der mittleren Wasseraktivität ändert, wird durch das Simulationsergebnis bestätigt. Die drei Simulationen mit unterschiedlichen Eintrittsfeuchten und infolgedessen unterschiedlichem Wassergehalt der Membran zeichnen sich durch die unterschiedlichen Permeabilitäten Pe aus. Durch die Auswertung der Stoffdurchgangskoeffizienten wird dieser Zusammenhang deutlicher. Die Stoffdurchgangskoeffizienten im Diagramm aus Abbildung 3.10b) weisen einen ähnlichen Verlauf aus, sind aber aufgrund der unterschiedlich gewählten Permeabilitäten in Ordinatenrichtung versetzt. Die Simulationen liegen innerhalb des großzügigen Vertrauensbereichs[21]. Die gemessenen und die berechneten Stoffdurchgangskoeffizienten nehmen mit zunehmender Weglänge aufgrund der Grenzschichtausbildung ab. Die Messergebnisse für die kurze Membran von 1,5 cm liegen bei allen drei Messreihen oberhalb der simulierten Werte. Möglicherweise unterstützen Viermischungsvorgänge, die durch den Sammler der 13 untersuchten Kanäle entstehen, in diesem Bereich die Stoffübertragung dadurch, dass die Ausbildung der Grenzschichten verzögert wird. Aus den angenäherten Ergebnissen der Permeabilität in der Einheit $(\mathrm{m}^3 \cdot \mathrm{m}/(\mathrm{m}^2 \cdot \mathrm{Pa} \cdot s))$ ergibt sich durch die Umrechnung in den Normzustand[22] die in der Literatur verwendete Permeabilität Pe_N in Normkubikmeter

$$Pe_\mathrm{N} = Pe \cdot \frac{p}{p_\mathrm{N}} \cdot \frac{T_\mathrm{N}}{T} \frac{\mathrm{m}^3}{\mathrm{m}^2 \cdot \mathrm{Pa}} \cdot \frac{\mathrm{m}}{\mathrm{s}} \tag{3.8}$$

und durch den Umrechnungsfaktor [Mel07] die Permeabilität in barrer

$$Pe = Pe_\mathrm{N} \cdot 7{,}6 \cdot 10^{-18}\,\mathrm{barrer}. \tag{3.9}$$

Unter Berücksichtigung der Membrandicke δ_Mem, des molekularen Gasvolumens unter Normbedingungen $v_\mathrm{mol,N} = 0{,}022413\,\mathrm{m}^3/\mathrm{mol}$, der idealen Gaskonstante $\Re$ und der Temperatur, der die Membran ausgesetzt ist, wird die Membranwiderstandszahl unter Verwendung der Gleichung (3.10)

$$R_\mathrm{Mem} = \frac{\delta_\mathrm{Mem}}{Pe} \cdot \frac{v_\mathrm{mol,N}}{\Re \cdot T} \frac{\mathrm{m}}{\mathrm{s}} \tag{3.10}$$

berechnet. Die durch die vorgestellte Methode bestimmten Membranwiderstandszahlen sind mit den Permeabilitäten in Abhängigkeit der mittleren Wasseraktivität in der Tabelle 3.2 in den üblicherweise angewendeten Einheiten angegeben. In Abbildung A.3 sind die mit der vorgestellten Methode bestimmten im Vergleich zu den von C. Matthias [Mat09] gemessenen Permeabilitäten für vergleichbare Membranen dargestellt. Die Abhängigkeit der intrinsischen Permeabilität von der Wasseraktivität kann durch eine Exponentialfunktion der Form

[21] Der Vertrauensbereich wird aufgrund des absoluten Garantiefehlers der Feuchtigkeitssensoren mit geringer werdendem übertragenen Wasserstrom größer (vgl. Tabelle A.1).

[22] Normdruck $p_\mathrm{N} = 101300\,\mathrm{Pa}$ und Normtemperatur $T_\mathrm{N} = 273{,}15\,\mathrm{K}$

TAB. 3.2.: Durch die vorgestellte Methode bestimmte intrinsische Permeabilitäten Pe und Membranwiderstandszahlen R_{Mem} für unterschiedliche mittlere Wasseraktivitäten $a_{\text{H}_2\text{O,m}}$

$a_{\text{H}_2\text{O,m}}$ -	Pe $(\text{m}^3\cdot\text{m})/(\text{m}^2\cdot\text{Pa}\cdot s)$	Pe_{N} $(\text{m}^3\cdot\text{m})/(\text{m}^2\cdot\text{Pa}\cdot s)$	Pe barrer	R_{Mem} s/m
0,17	$3,5 \cdot 10^{-12}$	$5,2 \cdot 10^{-12}$	$6,8 \cdot 10^5$	41,5
0,57	$4,5 \cdot 10^{-12}$	$6,3 \cdot 10^{-12}$	$8,3 \cdot 10^5$	34,1
0,82	$6,2 \cdot 10^{-12}$	$8,7 \cdot 10^{-12}$	$11,4 \cdot 10^5$	41,5

$$Pe = k_1 \cdot e^{\frac{-a_{\text{H}_2\text{O,m}}}{k_2}} + k_3 \tag{3.11}$$

angenähert werden [Sta92, OE06, Mat09]. Mit den Koeffizienten aus Tabelle 3.3 ergibt sich die Funktion der Permeabilität in Abhängigkeit der Wasseraktivität für die mit der vorgestellten Methode bestimmten Werte. Dass mit der Methode keine Werte für eine Wasseraktivität von 0 oder 1 bestimmt werden können, bringt in der Praxis keinen Nachteil mit sich, weil die im Brennstoffzellenaggregat auftretenden mittleren Wasseraktivitäten innerhalb des bestimmbaren Bereichs mit Wasseraktivitäten zwischen 0,2 und 0,8 liegen. In Abbildung 3.13 sind die unter Anwendung der Gleichung (3.11) berechneten Permeabilitäten zusammen mit den Permeabilitäten aus der Tabelle 3.2 vorgestellt.

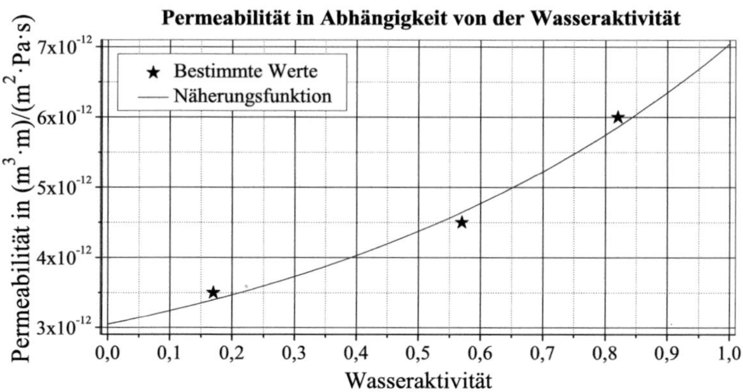

ABB. 3.13.: Näherungsfunktion der Permeabilität in Abhängigkeit der mittleren Wasseraktivität

Tab. 3.3.: Koeffizienten für Gleichung (3.11), die die Abhängigkeit des Permeationskoeffizienten von der mittleren Wasseraktivität bestimmt

$k_1 = 1,06033 \cdot 10^{-12}$
$k_2 = -0,67011$
$k_3 = 2,17409 \cdot 10^{-12}$

3.5. Berechnung der Stoffdurchgangskoeffizienten für Gegenstrom und Kreuzstrom und Vergleich mit Messungen

Die Berechnung der Stoffdurchgangskoeffizienten erfolgt mit dem Permeationsmodell (Gleichung 3.11) in Verbindung mit einerseits CFD-Simulationen und andererseits SHERWOOD-Beziehung nach Gleichung (2.17) für die Stoffübergänge in den Grenzschichten beiderseits der Membran. Beide Methoden werden anhand von Messdaten verglichen. Der Vergleich erfolgt anhand der Berechnung von Stoffdurchgangskoeffizienten für die Variation der Parameter

- Gasgeschwindigkeiten,
- Kanallänge[23] und
- Kanalhöhen.

Die unteren und oberen Grenzen und die Schrittweiten, die bei der Variation der Parameter getroffen werden, ergeben sich für die Messergebnisse aus den Grenzen der Regler und der Sensorik des Prüfstands (vgl. Tabelle A.1) und des zeitlichen Aufwands. Die Grenzen des untersuchten Parameterraums, die für die berechneten Ergebnisse getroffen werden, richten sich nach den Annahmen, die den Modellen zugrunde liegen und anwendungsbezogenen Werten. Weil der Volumenstrom im Stapel aufgrund der Temperatur- und Massenzunahme um 16 % zunimmt, werden die Geschwindigkeit und die Kanalhöhe des trockenen Gases zu 84 % der Geschwindigkeit und der Kanalhöhe des feuchten Gases angenommen, so dass sich ähnliche Reynoldszahlen, infolgedessen ähnliche Geschwindigkeitsprofile und Grenzschichtwiderstände für das trockene und das feuchte Gas einstellen. Diese Vorgehensweise wird auch für die Gegenstromführung und die Kreuzstromführung übernommen.

[23] Für die Kreuzstromführung ergeben sich zwei Längen.

3.5.1. Gegenstromführung

Die Berechnung der Stoffdurchgangskoeffizienten erfolgt anhand des in Abbildung 3.14 dargestellten Berechnungsmodells unter Variation der geometrischen Parameter Kanalhöhe und -länge und der Gasgeschwindigkeiten. Der Versuchsauf-

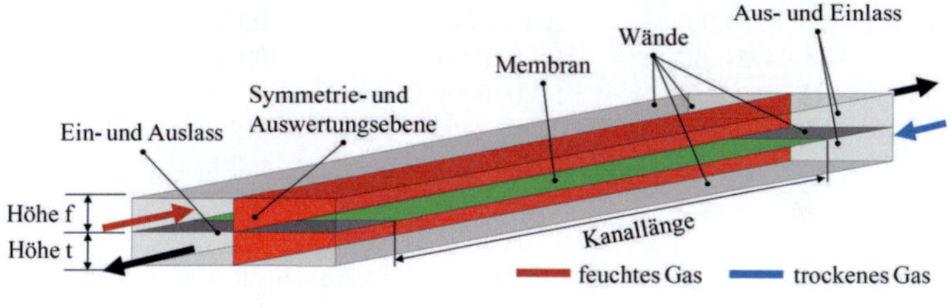

Abb. 3.14.: Berechnungsmodell zur Berechnung des Stoffdurchgangskoeffizienten in Gegenstromführung

bau und die Versuchsdurchführung des Gegenstromversuchs ist bis auf die Strömungsrichtung eines Gases identisch mit dem in Abschnitt 3.4.1 vorgestellten Versuch. Die Grenzen der gewählten Geschwindigkeiten, der Kanalhöhen und -längen sind mit den Schrittweiten der Variation in der Tabelle 3.4 zusammengestellt. Die obere Grenze der Geschwindigkeiten ergibt sich aus der Annahme der laminaren Grenzschicht, die sich in einem geringen Strömungswiderstand auswirkt. Kritische Reynoldszahlen liegen nach Hanks et al. [HR66] für Breiten-Höhenverhältnisse größer als eins bei 1900, wodurch sich die kritische Geschwindigkeit für 70 %ig gesättigte Luft bei 1,83 bar und 78 °C in einem 1 mm hohem und 3 mm breitem Kanal zu 20 m/s ergibt. Die Kanalhöhen werden in einem erfahrungsgemäß anwendbaren Raum zwischen 0,2 mm und 1 mm gewählt. Die untersuchten Kanallängen werden zwischen 0,025 m und 0,300 m variiert. Die Ergebnisse der Parameterstudie sind in den Diagrammen der Abbildungen 3.15 bis 3.17 dargestellt. Die analytische Lösung ergibt sich aus der SHERWOOD-Beziehung (Gleichung (2.17)) unter Verwendung der SHERWOOD-Koeffizienten, die in der Tabelle A.4 dargestellt sind. Im Diagramm 3.15 sind die Stoffdurchgangskoeffizienten unter Variation der Gasgeschwindigkeiten für die Kanallänge von 0,071 m und Kanalhöhen von 0,2 mm bis 1,0 mm dargestellt. Die für die Kanalhöhe von 0,5 mm mit der CFD-Methode berechneten Stoffdurchgangskoeffizienten liegen innerhalb des Vertrauensbereichs der Messungen. Für geringere Kanalhöhen ergeben die Berechnungen größere Stoffdurchgangskoeffizienten. Der Grund ist, dass sich die Dicken der Geschwindigkeits- und Konzentrationsgrenzschichten ähnlich wie die Kanalhöhen verhalten. Höhere Kanäle zeichnen sich durch eine dickere Konzentrationsgrenzschicht und dadurch durch höhe-

Tab. 3.4.: Für die Parametervariation in Gegenstromführung gewählte Grenzen und Schrittweiten der Gasgeschwindigkeiten, der Kanalhöhen und -längen

Geschwindigkeit trocken/feucht in m/s	Kanalhöhe trocken/feucht in mm	Kanallänge trocken und feucht in m
2,50/3,00	0,20/0,24	0,025
4,18/5,00	0,30/0,36	0,050
8,35/10,00	0,50/0,60	0,071
16,70/20,00	0,70/0,84	0,100
	1,00/1,20	0,200
		0,300

re Transportwiderstände aus. Beide Berechnungsmethoden zeigen einen positiven Einfluss der Gasgeschwindigkeit auf den Stoffdurchgangskoeffizienten. Der Einfluss wird mit Abnahme der Kanalhöhe geringer. Das wird dadurch erklärt, dass bei einer höheren Geschwindigkeit die Grenzschichtdicke abnimmt. Zudem verzögert sich die Ausbildung der Konzentrationsgrenzschicht mit höheren Geschwindigkeiten. Die Verringerung der Kanalhöhe wirkt entgegengesetzt, weil die Einlauflängen bis zur vollständigen Ausbildung der Konzentrationsgrenzschichten abnehmen. Innerhalb des untersuchten Parameterraums weichen die mit der SHERWOOD-Beziehung berechneten Stoffdurchgangskoeffizienten für Kanalhöhen geringer als 0,7 mm und Geschwindigkeiten mehr als 4,2 m/s auf der trockenen Seite weniger als 25 % von den mit der CFD-Methode berechneten Werten ab. Die Abweichung nimmt mit Zunahme der Geschwindigkeit ab. In Abbildung 3.16 sind die berechneten Stoffdurchgangskoeffizienten unter Variation der Kanallänge dargestellt. Die Ergebnisse der CFD-Berechnungen liegen mit Ausnahme des Ergebnisses für die Kanallänge von 0,025 m innerhalb des Vertrauensbereichs der Messergebnisse. Es liegt die Vermutung nahe, dass die in Abschnitt 3.4.3 beschriebenen Mischungseffekte am Kanaleintritt den Stoffdurchgang begünstigen und das Ergebnis für kurze Kanäle verfälschen. Die Ergebnisse aus den Experimenten und der CFD-Berechnung zeigen für kürzere Kanäle größere Stoffdurchgangskoeffizienten, weil die Stoffdurchgangskoeffizienten mit Ausbildung der Konzentrationsgrenzschicht abnehmen. Der Einfluss kann durch die Ergebnisse der SHERWOOD-Berechnung unzureichend wiedergegeben werden, weil die SHERWOOD-Beziehung aus Gleichung (2.17) aufgrund ihrer Form entweder mit einem positiven Exponenten c_4 den Effekt der Kanalhöhe oder mit einen negativen Exponenten c_4 den Effekt der Kanallänge ausreichend berücksichtigen kann[24]. Weil die Auswirkung der Kanalhöhe auf den

[24] Die SHERWOOD-Beziehung berücksichtigt das Verhältnis von Kanallänge zur -höhe, um eine dimensionslose Form zu erhalten. Diese Form schließt aus, dass beide positiven Aus-

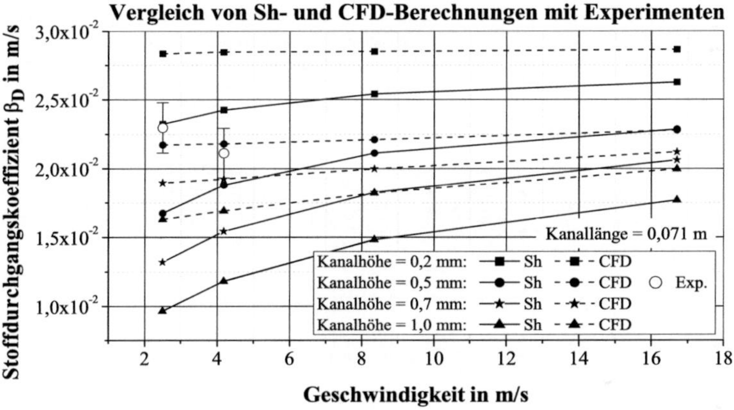

Abb. 3.15.: Berechnung der Stoffdurchgangskoeffizienten: Vergleich von SHERWOOD- und CFD-Berechnung mit experimentell bestimmten Werten für die Variation der Gasgeschwindigkeiten. Die mit der SHERWOOD-Beziehung berechneten Stoffdurchgangskoeffizienten weichen für Kanallängen >0,05 m Kanalhöhen <0,7 mm und Geschwindigkeiten >4,2 m/s weniger als 25 % von den mit der CFD-Methode berechneten Werten ab. Die Reynoldszahlen sind für alle Kanalhöhen im laminaren Bereich.

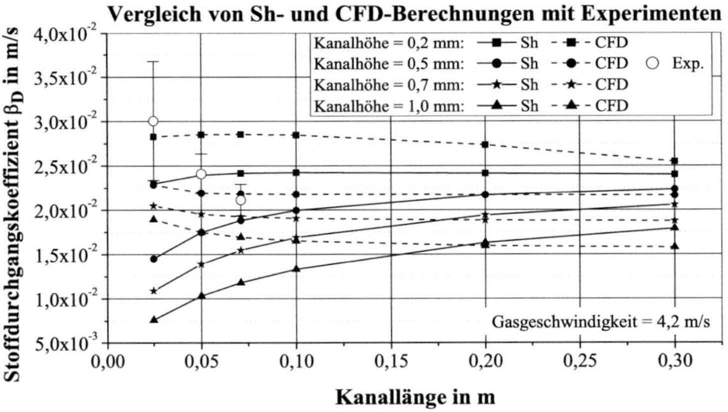

Abb. 3.16.: Berechnung der Stoffdurchgangskoeffizienten: Vergleich von SHERWOOD- und CFD-Berechnung mit experimentell bestimmten Werten für die Variation der Kanallänge. Innerhalb des untersuchten Parameterraums weichen die mit der SHERWOOD-Beziehung berechneten Stoffdurchgangskoeffizienten für Kanalhöhen $<0{,}7\,\text{mm}$ und Kanallängen $>0{,}05\,\text{m}$ weniger als 25 % von den mit der CFD-Methode berechneten Werten ab. Die Reynoldszahlen sind für alle Kanalhöhen im laminaren Bereich.

Stoffdurchgangskoeffizienten größer ist als die der Kanallänge, wird ein positiver Exponent c_4 gewählt. Die SHERWOOD-Beziehung wird unter der Annahme, dass erst ab einer gewissen Kanallänge die Grenzschicht ausgebildet ist und mit der Kenntnis, dass für kurze Kanäle Stoffdurchgangskoeffizienten mit zu geringen Werten berechnet werden, angewendet. Für Kanäle kürzer als 0,05 m, Geschwindigkeiten größer als 4,2 m/s und Kanalhöhen kleiner als 0,7 mm ergeben sich innerhalb des untersuchten Parameterraums Abweichung von weniger als 25 % zu den mit der CFD-Methode berechneten Ergebnisse. Die Abweichungen werden mit Zunahme der Kanallänge geringer. In den Diagrammen aus den Abbildungen 3.17 sind die berechneten Stoffdurchgangskoeffizienten für die Variation der Kanalhöhen für unterschiedliche Kanallängen in Abbildung 3.16 a) und für unterschiedliche Gasgeschwindigkeiten in Abbildung 3.16 b) für unterschiedliche Kanallängen dargestellt. Die Verringerung der Kanalhöhe von 1 mm auf 0,2 mm wirkt sich in einer Erhöhung des Stoffdurchgangskoeffizienten um 40 % für eine Kanallänge von 0,3 m aus. Innerhalb des untersuchten Parameterraums weichen die mit der SHERWOOD-Beziehung berechneten Stoffdurchgangskoeffizienten für Kanalhöhen <0,7 mm und Kanallängen >0,05 m weniger als 25 % von den mit der CFD-Methode berechneten Werten ab. Die Abweichungen sind für geringe Kanalhöhen kleiner. Die einschränkenden Grenzen in dem untersuchten Parameterraum sind in der Tabelle 3.5 zusammengefasst.

Tab. 3.5.: Gültigkeitsbereich für SHERWOOD-Beziehung und Permeationsgleichung: Innerhalb der angegebenen Parametergrenzen weichen die berechneten Stoffdurchgangskoeffizienten weniger als 25 % von den mit der CFD-Methode berechneten Stoffdurchgangskoeffizienten ab.

	untere Grenze trocken/feucht	obere Grenze trocken/feucht
Gasgeschwindigkeit in m/s	4,2/5,0	16,7/20,0
Kanalhöhe in mm	0,20/0,24	0,70/0,84
Kanallänge in m	0,05/0,05	0,30/0,30

3.5.2. Kreuzstromführung

Die Stoffübertrager in Kreuzstromführung zeichnen sich im Gegensatz zur Strömungsführung im Gegenstrom durch die konstruktive Besonderheit aus, dass keine Verteilerstruktur aufzuwenden ist. Dadurch bietet sich die ohne großen konstruktiven Aufwand umzusetzende Möglichkeit, Strömungskanäle durch die

wirkungen, die Verringerung der Kanallänge und -höhe, auf den Stoffdurchgangskoeffizienten abgebildet werden können.

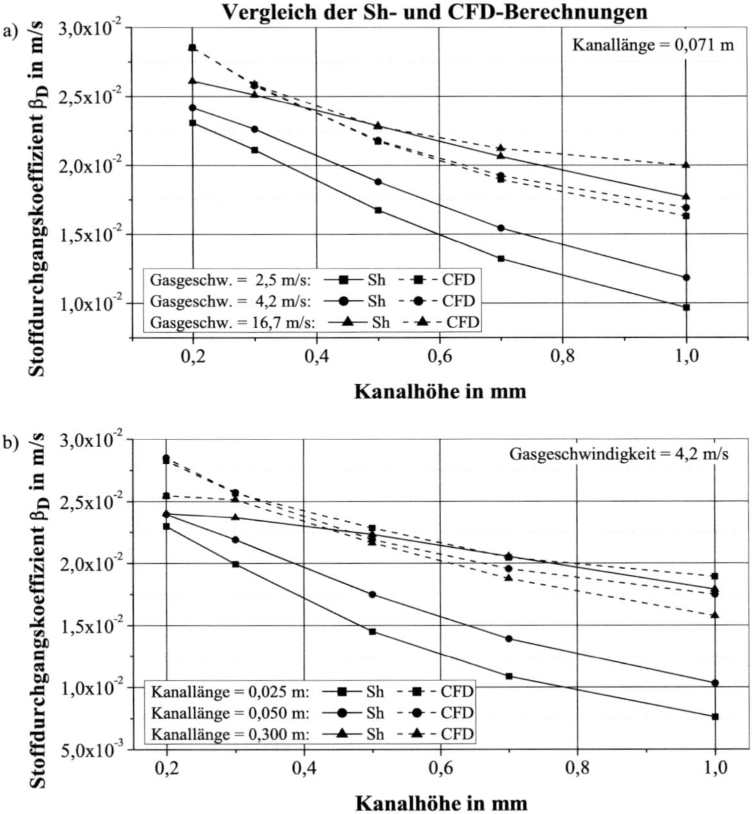

ABB. 3.17.: Berechnung der Stoffdurchgangskoeffizienten: Vergleich von SHERWOOD- und CFD-Berechnung mit experimentell bestimmten Werten unter Variation der Kanalhöhe für unterschiedliche Kanallängen. Die mit der SHERWOOD-Beziehung berechneten Stoffdurchgangskoeffizienten weichen für Kanalhöhen $<$0,7 mm und Kanallängen $>$0,05 m weniger als 25 % von den mit der CFD-Methode berechneten Werten ab.

Einbringung von Stegen zu erhalten und die Gasströmung von zwei Seiten mit Membranen zu umgeben. Es ergeben sich in jedem Strömungskanal zwei Konzentrationsgrenzschichten, die sich idealerweise symmetrisch ausbilden. In der planaren Bauform werden Anordnungen von Kanälen und Membranen gestapelt. Der Aufbau eines Membranbefeuchters mit je zwei die Strömungskanäle umgebenden Membranen besteht unter Vernachlässigung der Endplatten aus einer sich wiederholenden periodischen Abfolge eines Flussfelds der trockenen Seite mit halber Höhe, einer Membran und eines Flussfelds der feuchten Seite mit halber Höhe. Um den Rechenaufwand zu verringern, werden die Stege vernachlässigt, so dass sich das vereinfachte Berechnungsmodell ohne Kanäle und ohne Stege ergibt. Das vereinfachte Berechnungsmodell ist in der Abbildung 3.18 grafisch veranschaulicht. Der mit CFD-Simulationen berechnete Einfluss der getroffenen Vereinfachungen auf den Stoffdurchgangskoeffizienten ist im Anhang A.8 und A.9 dargestellt und zeigt, dass mit der vereinfachten Geometrie um 5 % niedrigere Werte für den Stoffdurchgangskoeffizienten berechnet werden. Die Erklärung dazu wird ebenfalls im Anhang A.8 und A.9 gegeben.

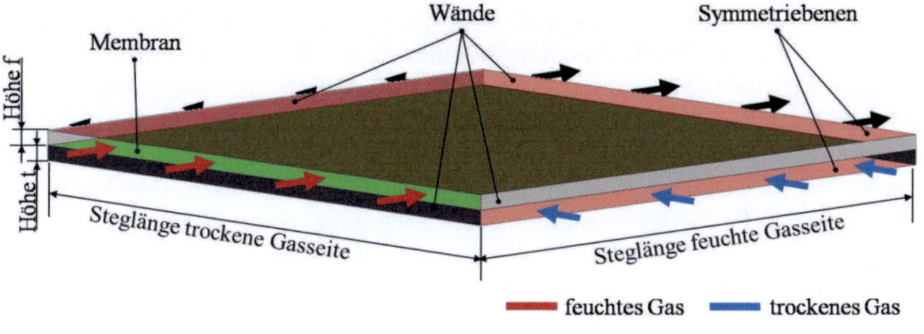

Abb. 3.18.: Vereinfachtes Berechnungsmodell zur Berechnung des Stoffdurchgangskoeffizienten in Kreuzstromführung

Im vereinfachten Modell ergibt sich aus der Höhe der Stege die Höhe der Räume, in der die Gase an der Membran entlang strömen. Diese Höhe wird im Folgenden als Steghöhe bezeichnet. Mit dem Modell werden der Einfluss der Steglänge der feuchten und der trockenen Gasseite, die der Membranlänge und -breite entsprechen, der Steghöhen und der Geschwindigkeit auf den Stoffdurchgangskoeffizienten berechnet. Um eine ähnliche Grenzschichtausbildung durch ähnliche Geschwindigkeitsverteilung auf der trockenen und feuchten Seite zu erhalten, werden für die Gasgeschwindigkeiten, die Längen und die Steghöhen der Strömungswege Verhältnisse zwischen trockener und feuchter Seite vorgegeben. Die für die Parametervariation gewählten Grenzen und Schrittweiten der Gasgeschwindigkeiten, der Steghöhen und -längen sind in der Tabelle 3.6 dargestellt. Die Grenzen entstehen daraus, dass die laminare Strömung untersucht wird, und

Tab. 3.6.: Für die Parametervariation in Kreuzstromführung gewählte Grenzen und Schrittweiten der Gasgeschwindigkeiten, der Steghöhen und -längen

Geschwindigkeit trocken/feucht in m/s	Steghöhen trocken/feucht in mm	Steglängen trocken/feucht in m
5,00/6,00	0,10/0,12	0,039/0,039
8,35/10,00	0,20/0,24	0,075/0,075
15,00/18,00	0,40/0,48	0,100/0,100
	0,60/0,72	0,150/0,150

aus erfahrungsgemäß anwendbaren Werten (vgl. Abschnitt 3.5.1). Die analytische Lösung ergibt sich aus der SHERWOOD-Beziehung (Gleichung (2.17)) unter Verwendung der SHERWOOD-Koeffizienten, die in der Tabelle A.5 dargestellt sind. Die Ergebnisse der analytischen Berechnungen und der CFD-Simulation sind in den Abbildungen 3.19 und 3.20 dargestellt. In der Abbildung 3.19 a) sind die berechneten Stoffdurchgangskoeffizienten, die sich bei unterschiedlichen Steghöhen für die Variation der Gasgeschwindigkeiten ergeben, dargestellt. Mit zunehmender Gasgeschwindigkeit werden durch die analytische und die CFD-Methode größere Werte berechnet, weil die Grenzschichtausbildung mit zunehmender Geschwindigkeit verzögert wird. Bei einer Geschwindigkeit von 5 m/s werden mit der CFD-Berechnung für die Steglänge von 0,10 m und einer Steghöhe von 0,4 mm größere Stoffdurchgangskoeffizienten als bei Stegen mit der Höhe von 0,1 mm berechnet, weil sich die symmetrisch ausbildenden Konzentrationsgrenzschichten bei der niedrigen Steghöhe überschneiden und infolgedessen den Widerstand erhöhen. Mit der Erhöhung der Gasgeschwindigkeiten wird dem durch die Verzögerung der Grenzschichtausbildung entgegengewirkt, so dass die Stoffdurchgangskoeffizienten bei Geschwindigkeiten von 15 m/s durch die Verringerung der Steghöhe steigern lassen. Dieser Einfluss wird durch die analytische Berechnung nicht wiedergegeben. Die Abweichungen zwischen den analytisch und durch die CFD-Methode berechneten Stoffdurchgangskoeffizienten betragen in dem untersuchten Bereich bei Steghöhen, die kleiner als 0,4 mm sind, weniger als 25 %.

In Abbildung 3.19 b) sind die berechneten Stoffdurchgangskoeffizienten für die Steghöhen von 0,1 mm bis 0,6 mm unter Variation der Steglänge bei der Gasgeschwindigkeit von 8,4 m/s aufgetragen. Mit zunehmender Steglänge ergeben geringere Werte, weil die mit der Länge zunehmende Grenzschichtdicke den Transportwiderstand erhöht. Die mit der CFD-Methode berechneten Werte zeichnen sich dadurch aus, dass die Reduzierung der Steghöhe eine Steigerung des Stoffdurchgangskoeffizienten bis zur Steghöhe von 0,2 m zulässt. Bei 0,1 m Steghö-

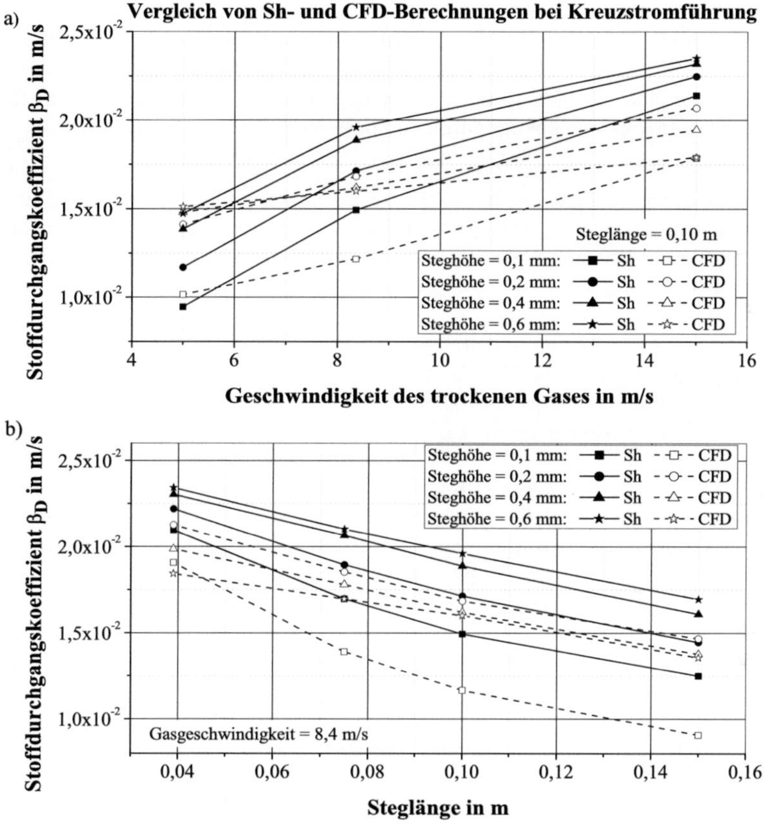

Abb. 3.19.: Berechnung der Stoffdurchgangskoeffizienten: Vergleich von SHERWOOD- und CFD-Berechnung mit experimentell bestimmten Werten für die Variation der a) Gasgeschwindigkeiten und b) Steglängen. Innerhalb des untersuchten Parameterraums weichen die mit der SHERWOOD-Beziehung berechneten Stoffdurchgangskoeffizienten für Steghöhen $<0{,}4$ mm weniger als 25 % von den mit der CFD-Methode berechneten Werten ab. Die Reynoldszahlen sind für alle Steghöhen im laminaren Bereich.

he wird ein geringerer Wert berechnet, weil die Transportwiderstände durch die Überlagerung der beiden Konzentrationsgrenzschichten zunehmen. Weil die Steglänge einen im Vergleich zur Steghöhe größeren Einfluss auf den Stoffdurchgangskoeffizienten aufweist, wird negativer Exponent c_4 in der SHERWOOD-Beziehung aus Gleichung (2.17) gewählt. Infolgedessen wird der Einfluss der Steghöhe nicht hineinreichend berücksichtigt und aus der analytischen Berechnung ergeben sich im Gegensatz zu den Ergebnissen aus der CFD-Berechnung größere Stoffdurchgangskoeffizienten für höhere Stege.

Die Abweichungen zwischen den Ergebnissen aus der CFD-Berechnung und der analytischen Berechnung betragen weniger als 25 % im untersuchten Parameterraum für Steghöhen niedriger als 0,4 mm. Die bei der Verringerung der Steghöhe die Steigerung des Stoffdurchgangskoeffizienten begrenzende Wirkung der Grenzschichtüberlagerung ist in den Diagrammen der Abbildung 3.20 a) und b) erkennen. Es sind die berechneten Stoffdurchgangskoeffizienten für a) Gasgeschwindigkeiten von 5 bis 15 m/s und b) Steglängen von 0,039 m bis 0,150 m für die Variation der Steghöhe dargestellt. Bei der Steghöhe 0,1 mm sind die mit der CFD-Methode berechneten Werte am niedrigsten, weil sich die Grenzschichten überlagern. Bei der Steghöhe von 0,2 mm werden die größten Werte berechnet, die mit der weiteren Steigerung der Höhe wieder geringer werden, weil die Grenzschichtdicken mit der Steghöhe zunehmen. Bis zur Höhe von 0,2 mm gibt der analytische Zusammenhang den Einfluss der Höhe hinreichend wieder. Bei Steghöhen über 0,2 mm wird der Einfluss der Steghöhe unzureichend berücksichtigt. Die Abweichungen zwischen den mit der CFD-Methode und der analytischen Methode berechneten Stoffdurchgangskoeffizienten betragen in dem untersuchten Ergebnisraum bei Steghöhen geringer als 0,4 mm weniger als 25 %. Die Grenzen des Parameterraums, innerhalb dessen die Abweichung zwischen CFD-Berechnung und analytischer Berechnung weniger als 25 % beträgt, sind in der Tabelle 3.7 zusammengefasst dargestellt.

Tab. 3.7.: Gültigkeitsbereich für SHERWOOD-Beziehung und Permeationsgleichung: Innerhalb der angegebenen Parametergrenzen weichen die berechneten Stoffdurchgangskoeffizienten weniger als 25 % von den mit der CFD-Methode berechneten Stoffdurchgangskoeffizienten ab.

	untere Grenze trocken/feucht	obere Grenze trocken/feucht
Gasgeschwindigkeit in m/s	5,0/6,0	15,0/18,0
Steghöhe in mm	0,10/0,12	0,40/0,48
Steglänge in m	0,039/0,039	0,150/0,150

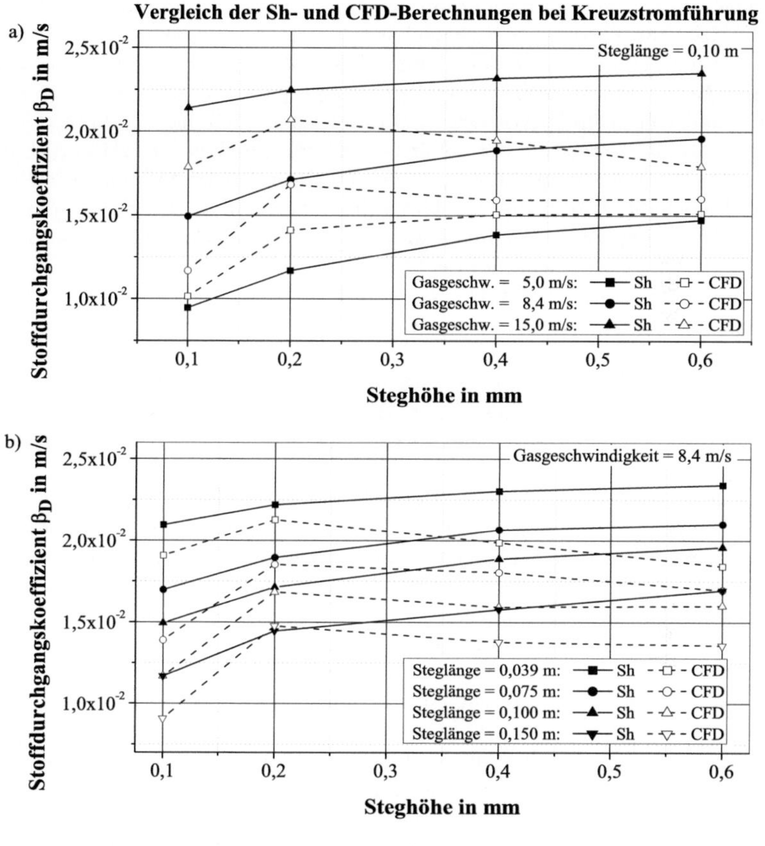

Abb. 3.20.: Berechnung der Stoffdurchgangskoeffizienten: Vergleich von SHERWOOD- und CFD-Berechnung unter Variation der Steghöhe für a) unterschiedliche Gasgeschwindigkeiten und b) unterschiedliche Steglängen. Innerhalb des untersuchten Parameterraums weichen die mit der SHERWOOD-Beziehung berechneten Stoffdurchgangskoeffizienten für Steghöhen <0,4 mm weniger als 25 % von den mit der CFD-Methode berechneten Werten ab. Die Reynoldszahlen sind für alle Gasgeschwindigkeiten im laminaren Bereich.

3.6. Berechnete Baugrößen und Druckdifferenzen

Die Baugröße und die aus dem Strömungswiderstand resultierende Druckdifferenz dienen beim Auslegungsvorgang als Bewertungskriterien und werden unter Vorgabe der charakteristischen Betriebsweise anhand der benötigten Membranfläche und den Abmessungen der Strömungskanäle berechnet. Aus der charakteristischen Betriebsweise des Brennstoffzellenaggregats und den Übertragungscharakteristiken von Stoffübertragern wird in Abschnitt 3.3 das Produkt aus Stoffdurchgangskoeffizienten und der benötigten Membranfläche ($\beta_D \cdot A$) in Abhängigkeit der vom Stapel abgegebenen elektrischen Stromstärke und der Betriebstemperatur berechnet. Die in diesem Abschnitt vorgestellten Baugrößen und Strömungswiderstände von Befeuchtern werden für die in dem HyMotion4-Aggregat verwendete Betriebstemperatur von 70 °C am Stapeleintritt berechnet. Die effektive Baugröße schließt die Membranen, den die Membranen umgebenden von den Gasen umströmten Gasraum sowie die erforderlichen Strukturen zur Strömungsführung ein. Aus der Abbildung 3.5 geht hervor, dass die größten berechneten Membranflächen für die Kreuz- und Gegenstromführung nicht zwingend im Volllastpunkt bei einer elektrischen Stromstärke von 400 A benötigt werden. Zum einen wirkt sich die charakteristische Betriebsweise auf das vom Befeuchter zu übertragene Wasser aus und zum anderen beeinflusst die mit der Stromstärke zunehmende Gasgeschwindigkeit im Befeuchter den Stoffdurchgangskoeffizienten. Der Stoffdurchgangskoeffizient ergibt sich für die Kreuz- und die Gegenstromführung durch die Summierung der Transportwiderstände nach Gleichung (2.9) unter Berücksichtigung der in Abschnitt 3.4 bestimmten Membran-Widerstände und Anwendung der in Abschnitt 3.5.1 und 3.5.2 vorgeschlagenen SHERWOOD-Beziehungen aus den Kanalabmessungen und der Geschwindigkeit. Durch die Berechnung der Stoffdurchgangskoeffizienten ergeben sich die benötigte Membranfläche und mit den vorgegebenen Abmessungen der Strömungskanäle die benötigte Baugröße und der resultierende Strömungswiderstand. Aus der benötigten Baugröße ergeben sich die stirnseitigen Einströmflächen, mit denen sich unter vorgegebenen Volumenströmen die Eintrittsgeschwindigkeiten berechnen lassen, die sich wiederum auf den Stoffdurchgangskoeffizienten auswirken. Das Gleichungssystem wird iterativ gelöst (vgl Abbildung A.6). Für die Berechnung des Strömungswiderstands der Kanäle wird die analytische Berechnung unter Berücksichtigung der Poiseuille-Zahl als Geometriefaktor für das Höhen-Breitenverhältnis angewendet [Wib08]. Der Vergleich von analytischer Berechnung, CFD-Berechnung und Messung ist im Anhang A dargestellt. Die Summe der analytisch berechneten Druckverluste für die feuchte und die trockene Seite weichen für die Variation der Geometrieparameter und der Geschwindigkeit in dem in den Tabellen 3.4 und 3.6 untersuchten Parameteräumen und den in Tabellen 3.5 und 3.7 angegebenen Grenzen weniger als 30 % von den mit der CFD-Methode berechneten Werten ab. Die Abweichungen resultieren maßgeblich daraus, dass das transportierte Wasser bei der analytischen Rechnung vernachlässigt wird. Mit zunehmender Kanallänge nimmt die Abweichung zu. Weil das Regelorgan den Betriebsdruck des Aggregats am Stapeleintritt einstellt, so dass sich der Strömungswiderstand der trockenen Seite des Befeuchters wesentlich auf die zusätzlich zum Betriebsdruck aufzuwendende Volumenänderungsarbeit auswirkt, wird die sich einstellende Druckdifferenz der trockenen Seite zur Bewertung der Befeuchter herangezogen.

3.6.1. Gegenstromführung

In Abbildung 3.21 sind die berechneten benötigten Membranflächen unter Berücksichtigung des Einflusses der Gasgeschwindigkeit auf den Stoffdurchgangskoeffizienten (vgl. Abbildung 3.15) für die Temperatur von 70 °C am Stapeleintritt und unter der getroffenen Annahme des zu 95 % mit Wasser gesättigten Abgases dargestellt. Der Stoffdurchgangskoeffizient nimmt mit der Stromstärke aufgrund des linear ansteigenden Luftbedarfs zu. Der maximale Luftbedarf wirkt sich bei der vorgegebenen Kanalhöhe von 0,4 mm und der Kanallänge von 0,1 m in einer Strömungsgeschwindigkeit von 20 m/s entsprechend $Re = 680$ aus. Die maximal benötigte Membranfläche ist den Berechnungen nach bei einer Betriebstemperatur von 70 °C am Stapeleintritt und einer Stromstärke von 300 A maximal und um 4 % größer als bei 400 A. Der Vergleich der analytischen

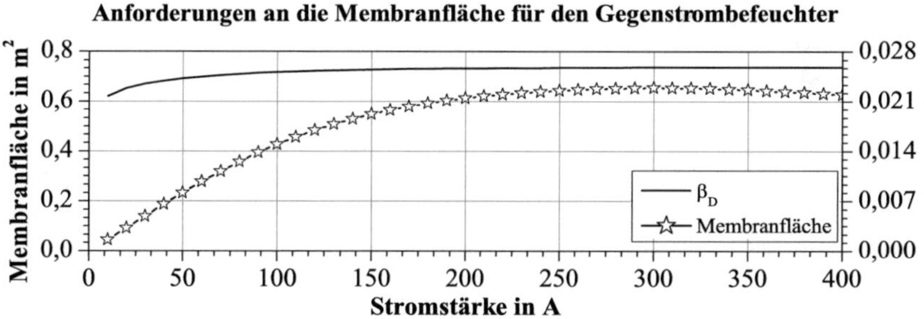

Abb. 3.21.: Anforderungen an die Membranfläche des Gegenstrom Befeuchters bei 70 °C am Stapeleintritt und unter der Annahme, dass das Kathodenabgas zu 95 % mit Wasser gesättigt ist. Der Stoffdurchgangskoeffizient wird maßgeblich von der Strömungsgeschwindigkeit der Gase mit bis zu 20 m/s beeinflusst.

Berechnung der Transportwiderstände mit der CFD-Berechnung zeigt Abweichungen von weniger als 25 % für die Variation der Geometrieparameter und der Geschwindigkeit in den in Tabelle 3.5 angegebenen Grenzen. Die analytische Berechnung der Stoffdurchgangskoeffizienten wird dafür eingesetzt, die benötigte

Membranfläche unter Variation der Kanalabmessungen und der Geschwindigkeit zu bestimmen.

In Abbildung 3.22 sind der berechnete Zusammenhang zwischen Baugröße, die als effektives Volumen in Litern angegeben ist, und Druckdifferenz der trockenen Seite in mbar für die Gegenstromführung dargestellt.

Unter Vorgabe der Kanallängen von 0,05 m bis 0,200 m und der Kanalhöhen von 0,20 mm bis 0,75 mm wird das effektiv benötigte Volumen der Strömungskanäle und die sich über den Kanälen der trockenen und feuchten Seite einstellende Druckdifferenz berechnet. Alle Linien konstanter Kanallängen führen für niedrige Druckdifferenzen zu größeren Bauvolumina und für kleine Bauvoumina zu höheren Druckdifferenzen. D.h. bei gleicher Druckdifferenz führen längere Kanäle zu größeren Bauvolumina und bei gleichem Bauvolumen führen längere Kanäle zur größeren Druckdifferenz.

Mit abnehmender Kanalhöhe wird das effektive Volumen geringer und die Druckdifferenz nimmt zu. Die Abnahme der Kanalhöhen bewirkt die Steigerung des Stoffdurchgangskoeffizienten (vgl. Abbildung 3.17). Weil dadurch das benötigte effektive Volumen geringer wird, werden ebenso wie mit der Zunahme der Kanallängen die stirnseitigen Eintrittsflächen für die Gasströmungen kleiner, so dass sich größere Geschwindigkeiten einstellen. Infolgedessen nimmt die Druckdifferenz überproportional mit der Kanallänge zu. Die für die Kanallängen 0,150 m, 0,175 m und 0,200 m berechneten Werte sind erst ab einer bestimmten Kanalhöhe gültig, weil die kritische Reynoldszahl von 1900 bei Kanälen geringerer Höhe überschritten wird (im Diagramm nicht dargestellt). Die berechneten Strömungsgeschwindigkeiten der dargestellten Ergebnisse liegen infolgedessen innerhalb der zugrunde gelegten Grenzen (vgl. Tabelle 3.5). Der Gegenstrom Befeuchter, der den Berechnungen nach bei der Länge 0,125 m und mit der geringsten untersuchten Kanalhöhe von 0,20 mm den geringsten Bauraum von 0,22 l benötigt, zeichnet sich durch die größte resultierende Druckdifferenz von 512 mbar über der trockenen Seite aufgrund der geringen stirnseitigen Eintrittsfläche und den daraus resultierenden hohen Strömungsgeschwindigkeiten bei der großen Länge aus. Ähnlich kompakte Baugrößen werden auch bei geringeren Längen und infolge dessen größeren stirnseitigen Eintrittsflächen und geringeren Strömungsgeschwindigkeiten erreicht. Bei der Länge von 0,05 m, der Kanalhöhe von 0,20 mm ergibt sich die benötigte effektive Baugröße von 0,25 l bei einer berechneten Druckdifferenz von 85 mbar. Die resultierende Druckdifferenz nimmt mit zunehmender Kanalhöhe ab. Die Gegenstromführung erfordert Strukturen zur Gasverteilung und -sammlung an den Ein- und Auslassen der untersuchten Kanäle, um die Gaszu- und Abfuhr zu ermöglichen. Diese können in ähnlicher Weise zur Bauweise von Bipolarplatten der Brennstoffzellen gefertigt und abgedichtet werden. In [Poe11] werden Verteilerstrukturen für die Gasverteilung in den Brennstoffzellen optimiert. Verteilerstrukturen für Strömungskanäle mit einer

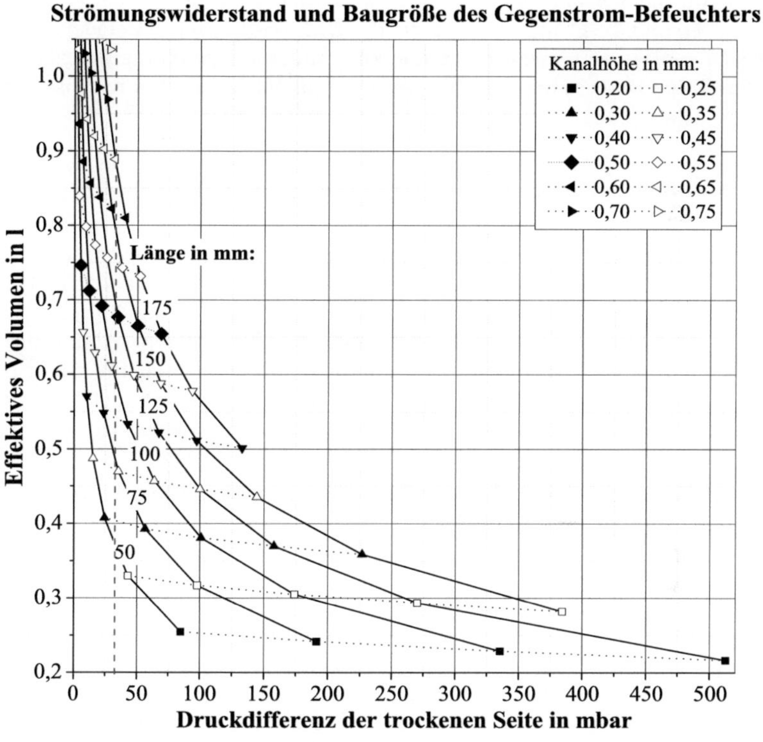

Abb. 3.22.: Berechnete Druckdifferenz der trockenen Seite und Baugröße des Gegenstrom Befeuchters unter Variation der Kanallänge- und Höhe bei der Stromstärke von 400 A: Bei einer Kanallänge von 0,200 m und einer Kanalhöhe bis 0,75 mm sowie bei einer Kanallänge von 0,175 m und einer Kanalhöhe bis 0,65 mm, wird die kritische Reynoldszahl von 1900 überschritten. Diese Punkte werden nicht dargestellt.

Druckdifferenz von 25 mbar resultieren in der gleichmäßigen Verteilung der Gase auf die Strömungskanäle. Wird je eine Druckdifferenz von 25 mbar als erforderliche Druckdifferenz in den Strömungskanälen der trockenen und der feuchten Befeuchterseite vorgegeben, um die gleichmäßige Verteilung zu gewährleisten, wird die Baugröße von 0,41 bei der Kanallänge von 0,05 m und der Kanalhöhe von 0,30 mm die Variante mit der geringsten Druckdifferenz. Zum einen liefern die Baugröße und die Druckdifferenz die für die Integration des Befeuchters in das Aggregat benötigten Informationen und zum anderen werden die Befeuchterbauarten durch die Berechnung von Investition und Betriebskosten in Abschnitt 3.7 ökonomisch bewertet.

3.6.2. Kreuzstromführung

Der Stoffdurchgangskoeffizient nimmt mit der Stromstärke aufgrund des linear ansteigenden Luftbedarfs zu. Unter Berücksichtigung der Veränderlichkeit des Stoffdurchgangskoeffizienten ergibt sich aus dem in Abbildung 3.5b) dargestellten ($\beta_D \cdot A$)-Wert die benötigte Membranfläche. Diese ist in Abbildung 3.23 zusammen mit dem berechneten Stoffdurchgangskoeffizienten für eine Steghöhe von 0,3 mm, einer Stegbreite und -länge von 0,1 m mit Geschwindigkeiten bis 20 m/s in Abhängigkeit von der Stromstärke aufgetragen. Die größte Flä-

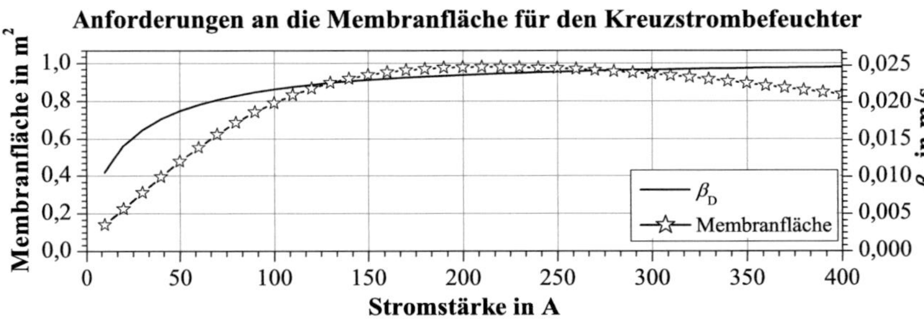

Abb. 3.23.: Anforderungen an die Membranfläche des Gegenstrom Befeuchters bei 70 °C am Stapeleintritt und unter der Annahme, dass das Kathodenabgas zu 95 % mit Wasser gesättigt ist. Der Stoffdurchgangskoeffizient wird maßgeblich von der Strömungsgeschwindigkeit der Gase mit bis zu 20 m/s beeinflusst.

che von 1 m^2 wird bei 210 A benötigt. Bei 400 A werden 0,8 m^2 benötigt. Die Abweichung beträgt 15 %. Weil der Strömungswiderstand der Befeuchterkanäle bei der Stromstärke von 400 A aufgrund der Strömungsgeschwindigkeiten in der höchsten auftretenden Druckdifferenz resultiert, wird dieser Lastpunkt für die Auslegung gewählt. Auf die berechnete benötigte Membranfläche werden 25 %

aufgeschlagen. Die berechneten Druckdifferenzen beziehen sich auf Strömungsführung unter Berücksichtigung der Stegbreite von 3 mm, die sich in den längeren Strömungswegen auswirken. Die Stoffdurchgangskoeffizienten werden im Gegensatz dazu bei der Kreuzstromführung durch die in Abbildung A.7 dargestellten getroffenen Vereinfachungen der Geometrie berechnet. In Abbildung 3.24 sind die Zusammenhänge zwischen Baugröße, die als effektives Volumen in Liter dargestellt ist, und Strömungswiderstand, der als Druckdifferenz über der trockenen Seite aufgetragen ist, für die Stromstärke 400 A dargestellt. Die berechneten Werte für die effektive Steglänge von 0,145 m sind erst ab der Höhe von 0,45 mm gültig, da sich in diesem Bereich die laminare Strömung einstellt. Die geringste Baugröße von 0,18 l ergibt sich den Berechnungen nach bei der effektiven Kanallänge von 0,085 m bei der Steghöhe von 0,20 mm und der resultierenden Druckdifferenz von 1038 mbar. Mit der Verringerung der Steglänge auf 0,04 m wird das effektive Volumen zu 0,21 l bei der resultierenden Druckdifferenz von 290 mbar berechnet. Dadurch, dass die Kanäle von beiden Seiten mit Membranen umgeben sind, sind mit dem Kreuzstrom Befeuchter im Gegensatz zum Gegenstrom Befeuchter geringere benötigte Baugrößen erreichbar. Die Aufteilung des feuchten und des trockenen Gases auf die Befeuchterkanäle bedarf keiner Verteilerstruktur, wenn sich die Kanäle durch einen ausreichenden Strömungswiderstand auszeichnen. Eine gleichmäßige Verteilung der Gasströmungen auf die Kanäle des Befeuchters führt zum einen zur optimalen Ausnutzung der Membranflächen und zum anderen zu der gleichmäßigen Verteilung von Temperaturen, Drücken und Feuchtigkeiten der Gase in dem Befeuchter, so dass die Kondensatbildung aufgrund von Temperatur- und Druckunterschieden und der Eintrag von Kondensat in den Stapel ausgeschlossen werden können. Die Aufteilung in die Kanäle kann durch ein Gehäuse erfolgen. In der Abbildung 3.25 ist die Geschwindigkeitsverteilung in den als poröses Medium vereinfachten Befeuchterkanälen im Gehäuse eines Kreuzstrom Befeuchters dargestellt. Die Auswertung der Verteilung der Strömung auf die Befeuchterkanäle bei gleicher Eintrittsgeschwindigkeit und Erhöhung des Strömungswiderstands zeigt, dass sich bei einer Druckdifferenz von 50 mbar eine akzeptable Gleichverteilung einstellt. Die Steigerung der Druckdifferenz von 50 mbar auf 100 mbar führt zu einer vergleichsweise geringen Steigerung der Homogenität. Wird die Druckdifferenz von 50 mbar als erforderlicher Wert vorgegeben, um die gleichmäßige Verteilung der Gasströme auf die Befeuchterkanäle zu erreichen, ergibt sich für die Kreuzstrom Befeuchterbauweise mit der Steglänge von 0,04 m, der Steghöhe von 0,285 mm die Variante mit der benötigten Baugröße von 0,32 l.

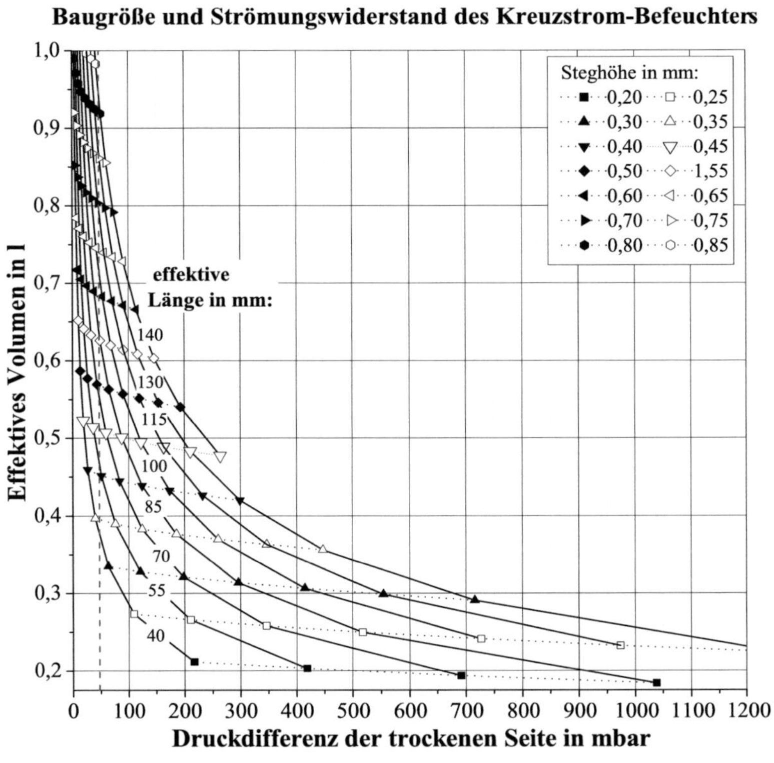

Abb. 3.24.: Berechnete Druckdifferenz und Baugröße des Kreuzstrom Befeuchters unter Variation der Kanallänge und -höhe bei der Stromstärke von 400 A

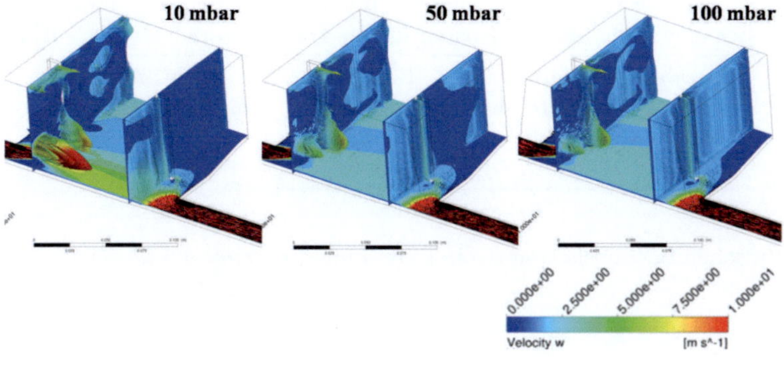

ABB. 3.25.: Untersuchung des Einflusses des Strömungswiderstands der Gaskanäle auf die Verteilung der Strömung im Kreuzstrom Befeuchter

3.7. Ökonomische Bewertung der berechneten Zusammenhänge

In Abschnitt 3.6 wird die Berechnung der Bewertungskriterien Strömungswiderstand und Baugröße vorgestellt. Diese Kriterien dienen der energetischen Bewertung bei der räumlichen Integration des Befeuchters in das Brennstoffzellenaggregat. Mit Hinsicht auf die Produktion von Brennstoffzellenaggregaten werden der Strömungswiderstand und die Baugröße des Membranbefeuchters durch die Berechnung von spezifischen Investitionskosten und Betriebskosten in die Gesamtkosten des Befeuchters zusammengeführt. Die spezifischen Investitionskosten K_I in Cent/km ergeben sich aus den Kosten des Befeuchters M in Euro, der Annuität $an = 0,13$ 1/Jahr (5 % Zinsen und 10 Jahre Lebensdauer) und der Laufleistung des Brennstoffzellenfahrzeugs von $La = 15000\,\mathrm{km/a}$ zu

$$K_\mathrm{I} = \frac{M \cdot an}{La}. \tag{3.12}$$

Die Befeuchterkosten sind die Summe der flächenspezifischen Membran- und Flussfeldkosten K_Mem bzw. K_Fluss, sowie Kosten der Dichtungen und der Montage K_Dicht, die in Abhängigkeit der Anzahl n_Platten der zu stapelnden und zu dichtenden Membran- und Flussfeldanordnungen ausgedrückt werden:

$$M = A_\mathrm{Mem} \cdot K_\mathrm{Mem} + A_\mathrm{Mem} \cdot K_\mathrm{Fluss} + n_\mathrm{Platten} \cdot K_\mathrm{Dicht} \tag{3.13}$$

Die Kosten der Membran, des Flussfelds und der Dichtungen sind in der Tabelle 3.8 für die Produktion von 30000 und 500000 Befeuchtern pro Jahr dargestellt.

Tab. 3.8.: Kosten für die eingesetzten Membranen [CKS+05], die Flussfelder inklusive der Stützfolie und die Kosten für die Dichtung und Montage [Han12]

Anzahl in Stück	Membran in Euro/m²	Flussfeld in in Euro/m²	Dichtung in Euro/Stück
30000	600	635	0,20
500000	22	143	0,21

Die spezifischen Betriebskosten K_{B} in Euro/km werden mit der Gleichung (3.14)

$$K_{\mathrm{B}} = \frac{P_{\mathrm{Verd}} \cdot K_{\mathrm{H_2}}}{\eta_{\mathrm{Agg}}} \cdot \frac{3600}{w_{\mathrm{Fhz}}} \tag{3.14}$$

berechnet. Die aus dem Strömungswiderstand resultierende Druckdifferenz der Frischluftseite $\Delta p_{\mathrm{Befeuchter}}$[25] ergibt mit dem Volumenstrom $\dot{V}_{\mathrm{Luft}}$ durch den Befeuchter und dem Verdichterwirkungsgrad η_{Verd} die aufzuwendenden elektrische Verdichterleistung P_{Verd}

$$P_{\mathrm{Verd}} = \frac{\Delta p_{\mathrm{Befeuchter}} \cdot \dot{V}_{\mathrm{Luft}}}{\eta_{\mathrm{Verd}}}. \tag{3.15}$$

Die Wasserstoffkosten $K_{\mathrm{H_2}}$ in Euro/J werden mit dem global gemittelten Wasserstoffpreis $B_{\mathrm{H_2}} = 8\,\mathrm{Euro/kg}$ [Ble09, GY12, BS13, BSSRS13] und dem unteren Heizwert $H_{\mathrm{u}} = 1,2 \cdot 10^8\,\mathrm{J/kg}$ zu

$$K_{\mathrm{H_2}} = \frac{B_{\mathrm{H_2}}}{H_{\mathrm{u}}} = 6,7 \cdot 10^{-8}\,\frac{\mathrm{Euro}}{\mathrm{J}} \tag{3.16}$$

angenommen. Die durchschnittliche Fahrzeuggeschwindigkeit ist $w_{\mathrm{Fhz}} = 25\,\mathrm{km/h}$[26]. Der Aggregatewirkungsrad ohne Strömungsverluste durch den Befeuchter wird nach [Hei12] zu $\eta_{\mathrm{Agg,ohne\ Befeuchter}} = 52\,\%$ festgelegt. Mit der Verdichterleistung P_{Verd} in J/s und der zugeführten Leistung des Brennstoffstroms $P_{\mathrm{H_2}}$ in J/s ergibt sich der Aggregatewirkungsrad zu

$$\eta_{\mathrm{Agg}} = \eta_{\mathrm{Agg,ohne\ Befeuchter}} - \frac{P_{\mathrm{Verd}}}{P_{\mathrm{H_2}}}. \tag{3.17}$$

In den Abbildungen 3.26 und 3.27 sind die spezifischen Gesamtkosten des Gegenstrombefeuchters mit der vorgegebenen absoluten Breite von 0,15 m[27] in Abhängigkeit der gewählten Länge der Strömungskanäle für die Kanalhöhen von 0,20 mm bis 0,85 mm dargestellt. Die Kanallänge wird solange erhöht, bis die

[25] Es wird die Druckdifferenz angenommen, die sich im Betrieb mit 280 A (70 % Last) einstellt.

[26] Aus der mittleren Fahrzeuggeschwindigkeit ergibt sich bei der angenommenen Laufleistung von 15000 km/Jahr die Betriebsdauer zu 6000 Betriebsstunden in 10 Jahren.

[27] Es wird eine Stegbreite von 3 mm angenommen.

kritische Reynoldszahl erreicht ist, weil sich die stirnseitige Eintrittsfläche des Befeuchters mit zunehmender Kanallänge verringert und sich infolgedessen höhere Gasgeschwindigkeiten einstellen. Die beiden Abbildungen sind für eine Produktion von 30000 Stück bzw. 500000 Stück pro Jahr berechnet. Wird die Druck-

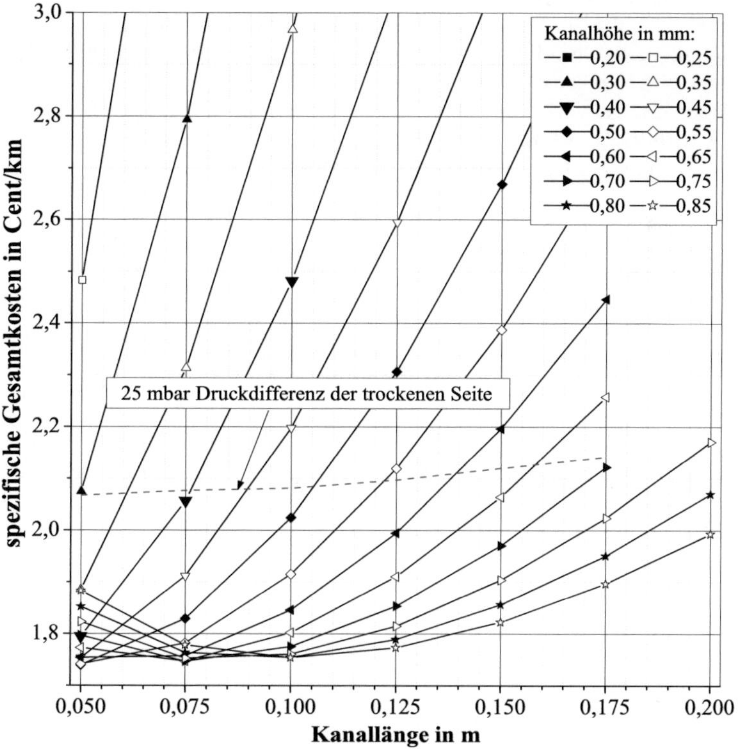

ABB. 3.26.: Spezifische Gesamtkosten des Gegenstrom-Membranbefeuchters bei einer Produktion von 30000 Stück pro Jahr

differenz von 25 mbar vorgegeben, ab der sich eine gleichmäßige Durchströmung des Befeuchters einstellt, vermindert sich mit der Erhöhung der Kanallänge und -höhe der Stoffdurchgangskoeffizient, die benötigte Membranfläche, die Baugröße und die Investition steigen an. Die geringste Investition ergibt sich daher für eine Kanallänge von 0,05 m und eine Kanalhöhe von 0,30 mm und beträgt 1570 Euro. Das führt zu spezifischen Investitionskosten von 1,36 Cent/km. Die berechneten Betriebskosten betragen bei dieser Druckdifferenz von 25 mbar 0,72 Cent/km, so dass sich minimale spezifische Gesamtkosten von 2,08 Cent/km ergeben. Die spezifischen Investitionskosten betragen 65 % der spezifischen Gesamtkosten.

Mit der Steigerung der Produktion auf 500000 Befeuchter pro Jahr werden Membran- und Flussfeld sowie die Produktionskosten gesenkt. Infolge dessen verringert sich die Investition des Befeuchters mit der Baugröße von 0,4 l, der Kanallänge 0,05 m und der Kanalhöhe 0,30 mm. Diese beträgt 236 Euro, das entspricht einer spezifischen Investition von 0,20 Cent/km. Bei gleich bleibenden Betriebskosten von 0,72 Cent/km führt das zu minimalen spezifischen Gesamtkosten von 0,92 Cent/km. Die spezifische Investition trägt daher nur noch mit 22 % zu den Gesamtkosten bei (vgl. Abbildung 3.27).

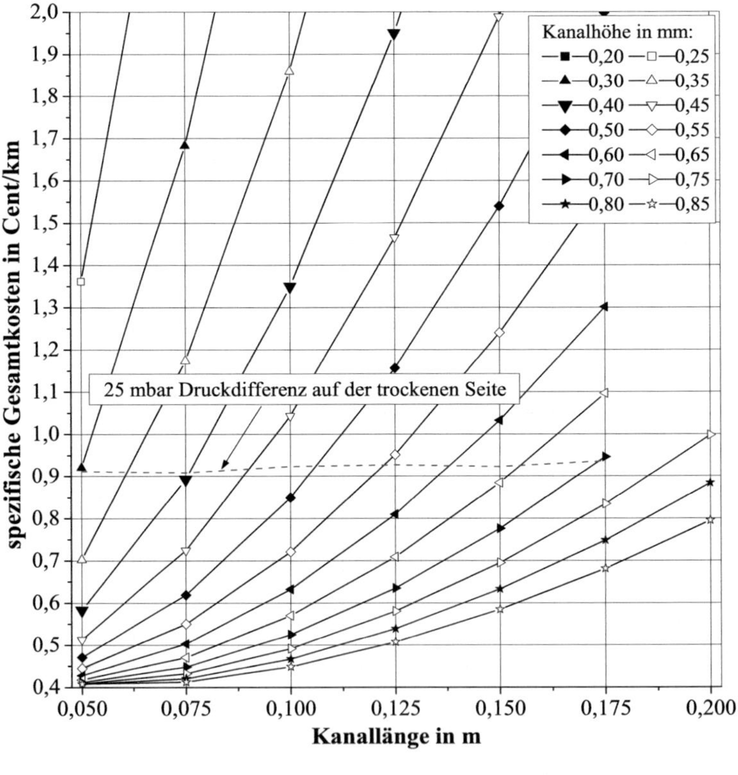

Abb. 3.27.: Spezifische Gesamtkosten des Gegenstrom-Membranbefeuchters bei einer Produktion von 500000 Stück pro Jahr

In den Abbildungen 3.28 und 3.29 sind die spezifischen Gesamtkosten eines Kreuzstrom Befeuchters in Abhängigkeit von der Steglänge für die Steghöhen 0,20 mm bis 0,85 mm für die Produktion von 30000 bzw. 500000 Stück pro Jahr aufgetragen.

Die angenommene konstruktive Umsetzung der Kreuzstromführung erfordert mindestens eine Druckdifferenz von 50 mbar für eine ausreichend gleichmäßige Durchströmung (vgl. Abb. 3.25). Daraus ergeben sich spezifische Betriebskosten von 0,77 Cent/km.

Für die Produktion von 30000 Stück pro Jahr werden spezifische Gesamtkosten zwischen 5,2 und 5,3 Cent/km (vgl. Abb. 3.28) berechnet.

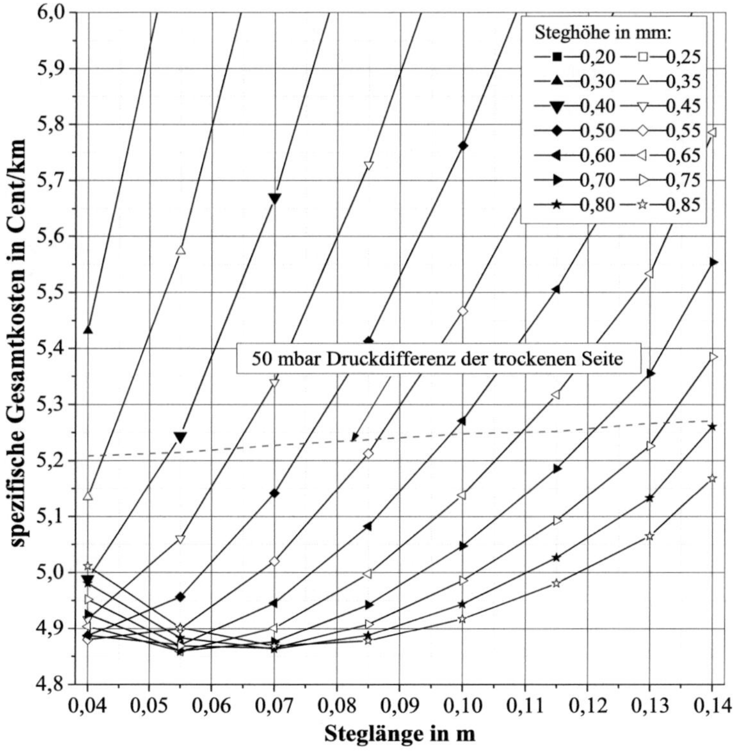

Abb. 3.28.: Spezifische Gesamtkosten des Kreuzstrom-Membranbefeuchters bei einer Produktion von 30000 Stück pro Jahr

Die geringsten Gesamtkosten von 5,2 Cent/km werden aufgrund des geringsten Materialaufwands mit der kurzen Steglänge von 0,04 m und einer Steghöhe von 0,35 mm berechnet. Daraus ergibt sich ein effektives Volumen von 0,40 l und eine Investition von 5145 Euro. Die spezifischen Investitionskosten betragen 4,4 Cent/km, das entspricht 82 % der spezifischen Gesamtkosten.

Mit der Steigerung der Produktion von 30000 auf 500000 Stück pro Jahr werden die Investitionen verringert (vgl. Abbildung 3.29). Die geringsten spezifischen

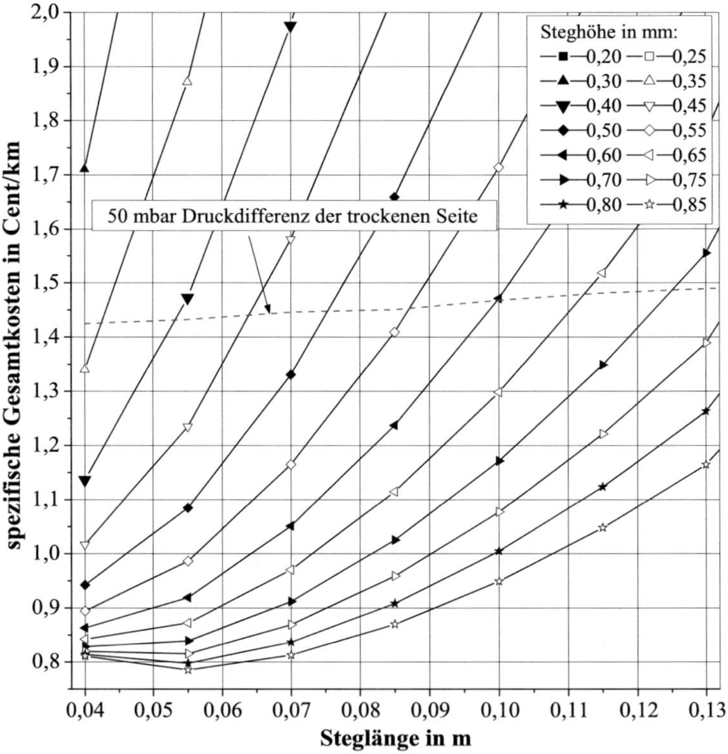

Abb. 3.29.: Spezifische Gesamtkosten des Kreuzstrom-Membranbefeuchters bei einer Produktion von 500000 Stück pro Jahr

Gesamtkosten von 1,43 Cent/km ergeben sich unter Berücksichtigung der erforderlichen 50 mbar Druckdifferenz für die Baugröße von 0,40 l. Die Steglänge beträgt dabei 0,04 m und die Steghöhe 0,35 mm. Die Investition beträgt 802 Euro, das ergibt 0,66 Cent/km spezifische Investitionskosten und 46 % der spezifischen Gesamtkosten.

Die für die vorgegebenen Mindestdruckdifferenzen, die für die gleichmäßige Verteilung der Strömung auf die Befeuchterkanäle erforderlich sind, berechneten Ergebnisse der Gesamtkosten und der Baugröße sind für den Gegenstrom- und den Kreuzstrom Befeuchter in der Tabelle 3.9 zusammengefasst. Die Baugrößen lassen sich bei Erhöhung der Gesamtkosten verringern.

Tab. 3.9.: Spezifische Gesamtkosten und Baugröße des Gegen- und des Kreuzstrom Befeuchters für die Produktionsmenge von 30000 und 500000 Befeuchtern

	Druckdifferenz trockene Seite in mbar	**spez. Gesamtkosten 30000/500000 Stück** in Cent/km	**effektive Baugröße** in l
Kreuzstrom	50	5,20/1,43	0,40
Gegenstrom	25	2,08/0,92	0,40

3.8. Diskussion

Der Gegenstrom Befeuchter zeichnet sich durch geringere spezifische Gesamtkosten aus, weil die benötigte Membranfläche prinzipbedingt geringer ist. Zum einen ist die Konzentrationsdifferenz größer als beim Kreuzstrom Befeuchter und zum anderen ergibt sich die Länge des Befeuchters aus dem Gasvolumen und den für die Gasverteilung notwendigen Verteilerstrukturen. Die Länge des Kreuzstrom Befeuchters beinhaltet zusätzlich die Breite der Stege für den im Kreuzstrom geführten Gasstrom. Die Besonderheit des Kreuzstrom Befeuchters liegt darin, dass die Gasführung ohne erheblichen konstruktiven Aufwand nur aus geraden Stegen bestehen kann und keine aufwendige Verteilung des Gasstroms auf die Kanäle nötig ist. Aus diesem Grund ergibt sich für den Kreuzstrom Befeuchter letzten Endes doch eine mit dem Gegenstrom Befeuchter vergleichbare Baugröße.

Während die minimalen spezifischen Gesamtkosten zur ökonomischen Bewertung beitragen, haben die technischen Kriterien wie Baugröße und Strömungswiderstand einen Einfluss auf das Betriebsverhalten des Brennstoffzellenaggregats. Im folgenden Abschnitt wird der Austrag des Wassers aus dem Brennstoffzellen-Stapel simuliert, um Betriebsbedingungen zu identifizieren, unter denen der Betrieb durch die Kondensatbildung beeinträchtigt werden kann.

4. Untersuchung des Wasseraustrags aus der Brennstoffzelle

4.1. Allgemeines

Um eine möglichst hohe Leistungsabgabe vom Brennstoffzellenstapel zu erreichen, werden die Brennstoffzellen bei einem möglichst hohen Membranwassergehalt betrieben, der von dem Befeuchter über die Reaktionsluft in Verbindung mit der charakteristischen Betriebsweise des Stapels eingestellt wird. Die hohe relative Feuchtigkeit der Reaktionsgase bedeutet ein hohes Risiko der Kondensatbildung. Die ungleichmäßige Verteilung der Gasströme auf die Zellen des Stapels und auf die Kanäle der Zellen wirkt sich in einer ungleichmäßigen Reaktion und infolgedessen unterschiedlichen Temperaturen der Zellen sowie ungleichmäßigen Temperaturverteilungen innerhalb der Zellen aus (vgl.Abbildung 2.3). Bereiche mit Temperaturen, die geringer als die Betriebstemperatur sind, können ebenso wie der Anstieg des Systemdrucks aufgrund der dynamischen Betriebsweise die Kondensatbildung begünstigen. Fällt Wasser in flüssiger Form an, tragen neben der Schwerkraft im Wesentlichen zwei fluidische Kräfte zum Austrag des Wassers bei, während die Adhäsionskraft der Wände der Strömungswege dem Austrag entgegenwirk. Die Kanalwände werden üblicherweise hydrophiler als die Oberfläche der GDL gestaltet, damit das Kondensat über die Kanalwände abgeführt wird und nicht die Gasräume der GDL zusetzt und dadurch die Bewegung des Reaktionsgases zu den aktiven Bereichen beeinträchtigt [DWY+09]. Druckkräfte der Gasströmung wirken auf die Oberfläche der Phasengrenze und durch Geschwindigkeitsunterschiede zwischen flüssiger und gasförmiger Phase wirken die viskosen Kräfte auf die Wasserbewegung (vgl. Abbildung 4.1). Es werden zwei Fälle unterschieden:

1. **Kondensat beeinträchtigt die Strömung in einem Kanal:**
   Bis sich ein Strömungskanal mit Kondensat zusetzt, sind die viskosen Kräfte maßgeblich am Austrag des Kondensats beteiligt und die Geschwindigkeit des Gases bestimmt den Austrag maßgeblich, weil die statische Druckdifferenz, die durch die Reibungskräfte an den die Strömung begrenzenden Oberflächen entsteht, in dem kurzen Längenabschnitt, an dem sich der Kondensattropfen aufhält, vernachlässigbar gering ist.

2. **Kondensat setzt einen Kanal zu, so dass die Gasströmung in diesem Kanal zum Erliegen kommt:**
   Es überwiegt die Druckkraft, die aus der Druckdifferenz entsteht, die an dem Kanal aufgrund der Strömung durch die übrigen Kanäle anliegt.

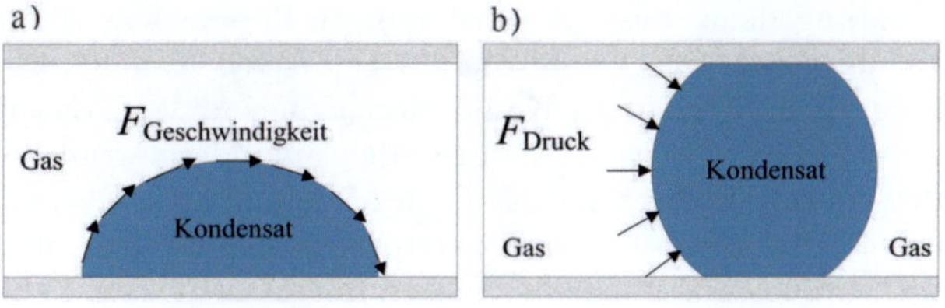

Abb. 4.1.: Auf den Kondensattropfen wirkende Kräfte:
a) aus der Gasgeschwindigkeit resultierende Kräfte (fluidische Reibung und Staudruck)
b) Druckkraft aufgrund der statischen Druckdifferenz

Die Beeinträchtigung des Strömungswiderstands durch Kondensatbildung beträgt im ersten Fall weniger als 7 %. Die für den Austrag der Kondensattropfen erforderliche Gasgeschwindigkeit wird mit der in Gleichung (4.3) angegebenen dimensionslosen Größe zu 0,8 m/s berechnet [Moh12]. Weiterhin beeinträchtigt das Kondensat die örtliche Gaszufuhr zu den Reaktionszonen der Brennstoffzelle. Im zweiten Fall wird die Gaszufuhr in einem gesamten Kanal beeinträchtigt. Die Strömungsführung bestimmt maßgeblich die Verteilung der Geschwindigkeit und des Drucks und infolge dessen die zum Austrag des Kondensattropfens beitragenden Kräfte. In parallelen Strömungskanälen sind die Druckkräfte maßgeblich an dem Austrag aus blockierten Kanälen beteiligt. In offenen Strömungsführungen mit Pin- oder Noppenstruktur trägt im Wesentlichen die Gasgeschwindigkeit zum Austrag des flüssigen Wassers bei. Zur Bewertung von Strukturen zur Gasführung werden Grenzen für Druckunterschiede und Geschwindigkeiten unter Verwendung von CFD-Simulationen berechnet, bei denen das Kondensat ausgetragen wird. Weiterhin wird der Einfluss der Schwerkraft auf den Wasseraustrag berechnet. Für die Simulation der Zweiphasenströmung wird die in dem Programm Fluent bereitgestellte Volume Of Fluid (VOF) Methode angewendet. Die verwendeten materialspezifischen Kontaktwinkel sind experimentell bestimmt [Moh12].

4.2. Berechnung der für den Wasseraustrag erforderlichen Druckdifferenz

Parallele Strömungskanäle zeichnen sich dadurch aus, dass die durch die Strömung entstehende Druckdifferenz für alle Kanäle gleich groß ist. Bildet sich Kondensat in einem der parallel verschalteten Strömungskanäle und führt diese Kondensatbildung dazu, dass die Strömung in diesem Kanal zum Stillstand kommt, weicht das Reaktionsgas auf die übrigen freien Kanäle aus und die Reaktion kommt in dem blockierten Kanal zum Erliegen. Weil das Reaktionsgas auf die übrigen Kanäle ausweicht, ist in diesen eine Geschwindigkeitszunahme und infolge dessen eine Steigerung der Druckdifferenz zu erwarten. Diese Steigerung kann den Austrag des Kondensattropfens begünstigen und hängt von der Anzahl der gewählten Kanäle ab. Werden in einem Flussfeld eine Anzahl an n_{parallel} parallel verschaltete Kanäle gleicher Form angenommen, die gleichmäßig mit der Geschwindigkeit w_n durchströmt werden, so dass sich unter Vernachlässigung der Aufteilung an den Einlässen und die Sammlung an den Kanalenden die Druckdifferenz von Δp_n zwischen Ein- und Auslass der Kanäle einstellt. Die Druckdifferenzbeziehung (siehe Anhang Gleichung A.1) liefert den analytischen Zusammenhang zwischen Strömungsgeschwindigkeit, Kanalabmessungen, Gaseigenschaften und der Druckdifferenz. Es ergibt sich durch die Massenerhaltung bei der Blockierung der Gasströmung eines Kanals die Geschwindigkeit der Gasströmung in den übrigen Kanälen zu

$$w_{n-1} = w_n + \frac{w_n}{n-1}. \tag{4.1}$$

Die sich bei der Geschwindigkeit w_{n-1} einstellende Druckdifferenz Δp_{n-1} über alle Kanäle beträgt unter Berücksichtigung der Gleichung (4.1) im Verhältnis zu der Druckdifferenz, die sich bei der Geschwindigkeit w_n einstellt

$$\frac{\Delta p_{n-1}}{\Delta p_n} = \frac{\frac{c}{Re_{n-1}} \frac{L}{d_\mathrm{h}} \frac{\rho}{2} {w_{n-1}}^2}{\frac{c}{Re_n} \frac{L}{d_\mathrm{h}} \frac{\rho}{2} {w_n}^2} = \frac{w_{n-1}}{w_n} = \frac{w_n + \frac{w_n}{n-1}}{w_n} = 1 + \frac{1}{n-1}. \tag{4.2}$$

In dem Diagramm aus Abbildung 4.2 ist die Erhöhung des Differenzdrucks durch die Geschwindigkeitszunahme als Verhältnis, das durch Gleichung (4.2) bestimmt wird, bei Blockierung der Gasströmung in einem Kanal in Abhängigkeit von der Anzahl der verwendeten parallelen Kanäle aufgetragen. Ab einer Anzahl von 11 verwendeten Kanälen beträgt die Steigerung des Differenzdrucks weniger als 10 %. In der Strömungsführung, die in dem HyMotion4-Aggregat zum Einsatz kommt, werden mehr als 40 parallele Strömungskanäle eingesetzt, so dass der Anstieg des Differenzdrucks durch die Blockierung eines Kanals weniger als 3 % beträgt und vernachlässigt wird. Demzufolge ist die zum Austrag des Kondensattropfens beitragende Druckdifferenz über dem Kondensattropfen die sich unter vorgesehenen Betriebsbedingungen einstellende Druckdifferenz in den Kanälen der Brennstoffzellen bei gleichmäßiger Verteilung. Um die für den Aus-

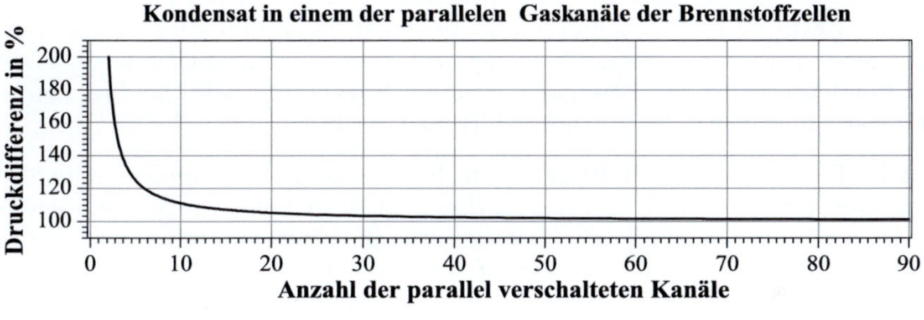

Abb. 4.2.: Die Blockierung eines der parallel durchströmten Kanäle führt zur Erhöhung der Druckdifferenz: Wird ein Kanal durch die Kondensatbildung für die Gasströmung undurchlässig, entsteht eine Geschwindigkeitserhöhung und dadurch eine Erhöhung des Differenzdrucks in den übrigen Kanälen bzw. dem übrigen Kanal.

trag des Kondensattropfens benötigte Druckdifferenz zu bestimmen, wird das in der Abbildung 4.3 dargestellte geometrische Rechenmodell verwendet. Die Größe des Kondensattropfens wird als dimensionsloses Verhältnis von Radius r_{ideal} des Kondensattropfens mit der idealen Kugelform zur Kanalhöhe H_{Kanal}

$$\frac{r_{\text{ideal}}}{H_{\text{Kanal}}} = 1,5 \tag{4.3}$$

angegeben. Es zeichnet sich durch zwei parallel verschaltete Strömungskanäle aus. Ein Strömungskanal ist durch die Ansammlung von Kondensat (in der Ab-

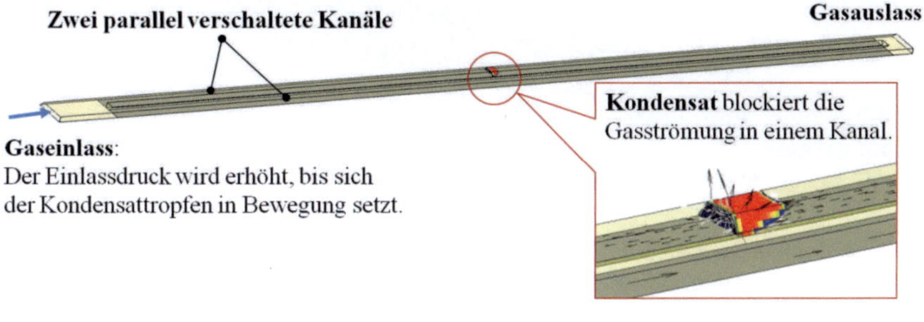

Abb. 4.3.: Geometriemodell zur Berechnung des benötigten Ablösedrucks von Kondensat in einem Kanal der Brennstoffzelle

bildung 4.3 rot dargestellt) für das Gas nicht durchlässig. Das durch den freien Kanal strömende Gas erzeugt die statische Druckdifferenz, die maßgeblich zum Austragen des Kondensattropfens beiträgt. Durch die Anhebung des Drucks am Einlass unter Vorgabe des Drucks am Auslass wird der statische Differenzdruck zwischen Ein- und Auslass und infolge dessen der sich durch den freien Kanal bewegende Gasstrom gesteigert. Ab der Druckdifferenz von 1,60 mbar setzt sich der Kondensattropfen in Bewegung, weil die Druckkräfte größer sind als die Adhäsionskraft, die zwischen Wand und Tropfen wirkt.

Der Einfluss der Gravitationskraft kann beim Austrag des Tropfens unterstützend oder hemmend wirken. Diese wird in dem Berechnungsmodell als Randbedingung vorgegeben. Wirkt die Gravitationskraft in Strömungsrichtung, werden 1,09 mbar zum Austrag des Kondensattropfens benötigt, während die benötigte Druckdifferenz 2,11 mbar beträgt, wenn die Gravitationskraft der Strömungsrichtung entgegen gerichtet wirkt. Bei der gewählten Tropfengröße beträgt der Einfluss der Schwerkraft mit 0,51 mbar 32 %.

4.3. Berechnung der vorhandenen Druckdifferenz

Unter der Annahme der gleichmäßigen Massenstromverteilung auf die Strömungskanäle der Brennstoffzelle wird die Druckdifferenz in einem Gaskanal der Brennstoffzelle bei Vorgabe der charakteristischen Betriebsbedingungen des HyMotion4-Aggregats berechnet. Der in der Abbildung 4.4 dargestellte Gaskanal ist ein geometrisch vereinfachter Kanal des anodenseitigen und kathodenseitigen Flussfelds der Brennstoffzellen des HyMotion4-Aggregats. Weil sich die chemische Reakti-

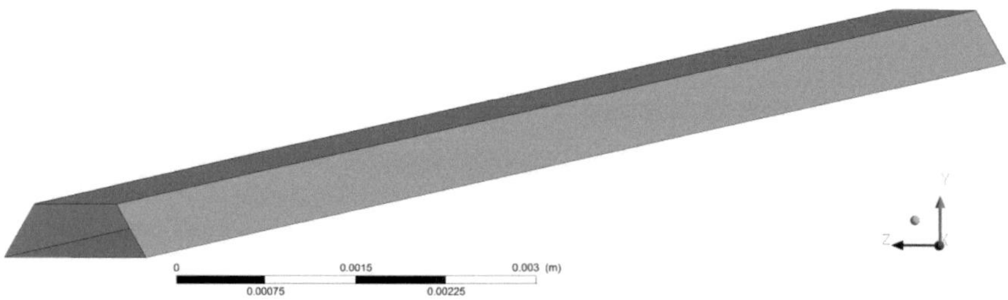

Abb. 4.4.: Geometrie zur Berechnung der Druckdifferenzen in den Gaskanälen der Brennstoffzellen

on auf die strömende Masse auswirkt, werden Quellen und Senken verwendet, die die Abnahme des Wasserstoffs auf der Anodenseite und die Abnahme von

Sauerstoff bei Produktion von Wasser auf der Kathodenseite berücksichtigen. In der Abbildung 4.5 sind die berechneten Druckdifferenzen zwischen Ein- und Auslass des Kathodengaskanals unter den Betriebsbedingungen des HyMotion4-Aggregats über der von Stapel abgegebenen elektrischen Stromstärke zusammen mit der für den Austrag von Kondensat benötigten Druckdifferenz aufgetragen. Unter Berücksichtigung der Quelle durch die Reaktion werden aufgrund der Massenzunahme größere Druckdifferenzen berechnet. Die Abweichung beträgt maximal 1 % bei der höchsten untersuchen Stromstärke von 400 A. Ab der Stromstärke von 20 A wird die Ablösedruckdifferenz erreicht, so dass sich Kondensattropfen in Bewegung setzen. Auf der Anodenseite werden zum einen durch die Abnahme von Wasserstoff aufgrund der Reaktion und zum anderen durch den geringeren Massenstrom im Gegensatz zur Reaktionsluft geringere Druckdifferenzen erreicht. In der Abbildung 4.6 sind die berechneten Druckdifferenzen

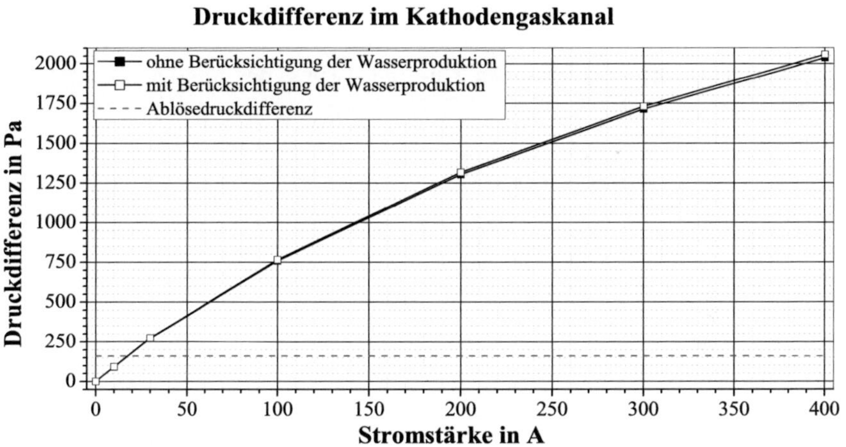

Abb. 4.5.: Berechnung des Differenzdrucks zwischen Ein- und Auslass eines Gaskanals der Kathodenseite der Brennstoffzellen

des Anodengaskanals unter Berücksichtigung der charakteristischen Betriebsweise des HyMotion4-Aggregats und der konstanten Wasserstoff Stöchiometriezahl von 1,5 über der Stromstärke zusammen mit dem Ablösedruck dargestellt. Es wird die Annahme getroffen, dass Wasserstoff mit Wasserdampf gesättigt in den Kanal eintritt und diesen gesättigt durchströmt. Dadurch, dass die Wasserstoffsenke berücksichtigt wird, kommt es zu einem Anstieg der relativen Feuchtigkeit, der zur Kondensatbildung führt. Diese wird ebenfalls berücksichtigt, so dass der nicht reagierende Anteil an Wasserstoff den Kanal mit Wasserdampf gesättigt verlässt.

Der Einfluss der Wasserstoffreaktion führt zu einer Abweichung von 34 % zwischen den Ergebnissen, die mit und ohne Berücksichtigung der Senke an Wasserstoff berechnet werden. Ab der Stromstärke von 60 A werden die Kondensattropfen in der horizontalen Ausrichtung der Brennstoffzellen ausgetragen, weil der Differenzdruck von 1,60 mbar erreicht wird. Durch die Ausrichtung der Brennstoffzellen im Gravitationsfeld der Erde kann der Einfluss der Schwerkraft zum Austrag des Kondensats beitragen, so dass sich die Kondensattropfen bei der Druckdifferenz 1,09 mbar, die sich bei der Stromstärke von 41 A einstellt, in Bewegung setzen. In der Abbildung 4.7 sind die unter Berücksichtigung der Reaktion des mit Wasser gesättigten Wasserstoffs berechneten Druckdifferenzen unter Variation der Wasserstoff Stöchiometriezahl von 1,05 bis 4 über der vom Stapel abgegebenen elektrischen Stromstärke aufgetragen. Bei einer höheren Wasserstoff Stöchiometriezahl strömt mehr Masse durch den Kanal, so dass die benötigte Druckdifferenz von 1,60 mbar bei einer Wasserstoff Stöchiometriezahl von 4 bei der Stromstärke von 10 A erreicht wird.

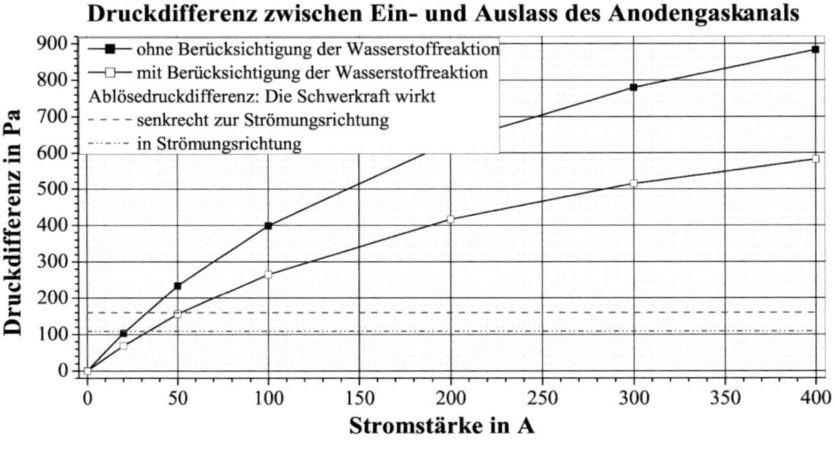

Abb. 4.6.: Berechnung des Differenzdrucks zwischen Ein- und Auslass eines Gaskanals der Anodenseite der Brennstoffzellen für die Wasserstoff Stöchiometriezahl von 1,5: Der für den Austrag von Kondensattropfen benötigte Differenzdruck wird je nach Ausrichtung der Strömungsrichtung im Gravitationsfeld der Erde bei der Stromstärke 60 A in horizontaler Ausrichtung und 41 A bei der vertikalen Ausrichtung der Strömungskanäle, so dass die Schwerkraft in Strömungsrichtung wirkt, erreicht.

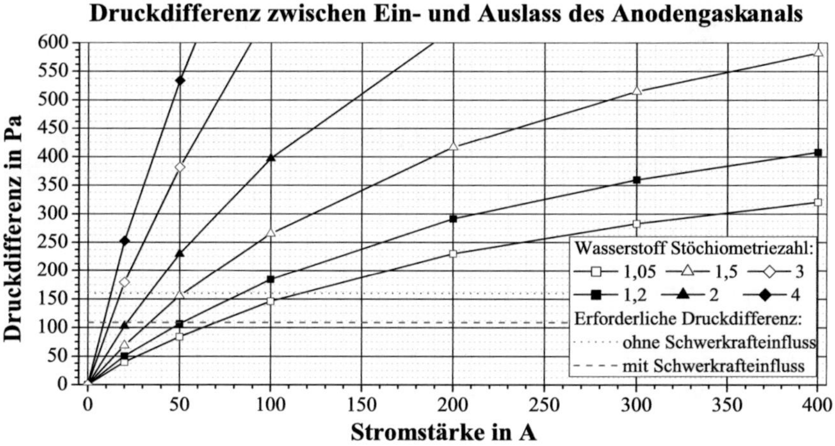

ABB. 4.7.: Berechnung des Differenzdrucks zwischen Ein- und Auslass eines Gaskanals der Anodenseite der Brennstoffzellen unter Variation der Wasserstoff Stöchiometriezahl

5. Auslegung des Kondensatabscheiders

Aus den Brennstoffzellen ausgetragenes Kondensat wird auf der Kathodenseite mit dem Kathodenabgas durch den Befeuchter an die Umgebung abgeführt. Die Anodenabgasrezirkulation bietet betriebliche Vorteile, so dass ausgetragene Kondensattropfen aus der Strömung separiert werden müssen, bevor das Abgas dem Frischgas beigemengt wird, um das erneute Eintreten des Kondensats in die Strömungswege der Brennstoffzellen zu verhindern. Mit der Berechnung von Abscheidegrad, Baugröße und Strömungswiderstand unter Verwendung der CFD-Methode wird in diesem Kapitel die Bauteilauslegung eines Kondensatabscheiders vorgestellt. Der Fokus liegt auf axialen Abscheidern, die sich zum einen durch eine kompakte Bauweise auszeichnen und sich zum anderen aufgrund der runden Bauform in die vorhandenen Strömungswege integrieren lassen.

5.1. Allgemeines

Der Auslegungsprozess gliedert sich in zwei Phasen. Zum einen werden in der Konzeptfindungsphase Konzepte, die sich durch die Kombination von Drallerzeugungsorganen mit Abscheidevorrichtungen aus dem erstellten Morphologischen Kasten ergeben, ausgewählt und hinsichtlich der Kriterien Gesamtabscheidegrad in %, Strömungswiderstand in Pa und Baugröße in m^3 durch Simulationen bewertet [Sol11]. In der zweiten Phase wird ein Konzept weiter verfolgt. Es werden die definierten Geometrieparameter in festgelegten Grenzen und Schrittweiten variiert, die Strömungen berechnet und die Bewertungskriterien ausgewertet. Für die Strömungssimulation wird auf den in ANSYS CFX verfügbaren Euler-Lagrange-Ansatz unter Berücksichtigung der Partikel-Wand-Interaktionen durch Stoßzahlen zurückgegriffen (vgl. Abschnitt 2.3.4).

5.2. Simulation

Das ausgewählte Konzept zeichnet sich durch ein gewundenes Leitblech aus, das den Drall in die Strömung induziert. Die Abscheidevorrichtung ist als Ringspalt ausgeführt. In der Abbildung 5.1 ist das geometrische Rechenmodell dargestellt. Die Parameter P_1 bis P_3 sind die vorgegebenen Größen.

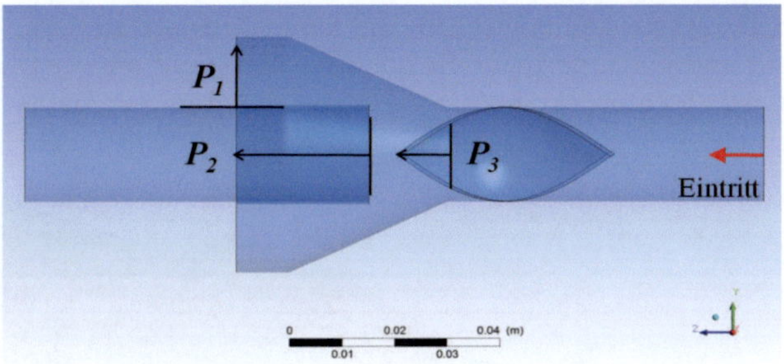

Abb. 5.1.: Geometrisches Modell des Kondensatabscheiders: Die Geometrieparameter P_1 bis P_3 werden zur Bestimmung der optimalen Lösung in den vorgegebenen Grenzen variiert [Sol11].

Die vorgegebenen Randbedingungen richten sich nach den HyMotion4 Betriebsbedingungen bei 100 % der Maximalleistung, die in der Tabelle 5.1 zusammengefasst sind.

Tab. 5.1.: Verwendete Randbedingungen zur Bestimmung der Geometrieparameter

Druck am Auslass	2 bar
Massenstrom am Einlass	1,9 g/s
rel. Feuchtigkeit	100 %
Durchmesser der Kondensattropfen	10 bis 400 μm

5.3. Ergebnisse

Die Parameter P_1 bis P_3 werden in vorgegebenen Grenzen und Schrittweiten (vgl. Tabelle A.6) variiert. Die berechneten Ergebnisse für die Bewertungskriterien Gesamtabscheidegrad, Strömungswiderstand und Baugröße sind in der Tabelle A.7 dargestellt. Für die Größe des Ringspalts $P_1 = 5$ mm, dem Abstand $P_2 = 30$ mm des Rohres für den trockenen Luftstrom und dem Abstand des Leitblechs $P_3 = 0$ mm (Berechnung Nr. 16 in der Tabelle A.7) ergeben sich ein Gesamtabscheidegrad von 97 %, die aus dem Strömungswiderstand resultierende Druckdifferenz von 7 mbar und die Baugröße von 0,05 l unter den Betriebsbedingungen, die im Lastpunkt von 400 A des HyMotion4-Aggregats vorgegeben werden. Diese Lösung wird favorisiert, weil sie im Vergleich zu den übrigen untersuchten Parameterkombinationen die kompakteste Bauweise, einen hohen Abscheidegrad und einen geringen Strömungswiderstand aufweist.In der Abbildung 5.2 ist der Totaldruck für diese Geometrieparameter dargestellt. Durch

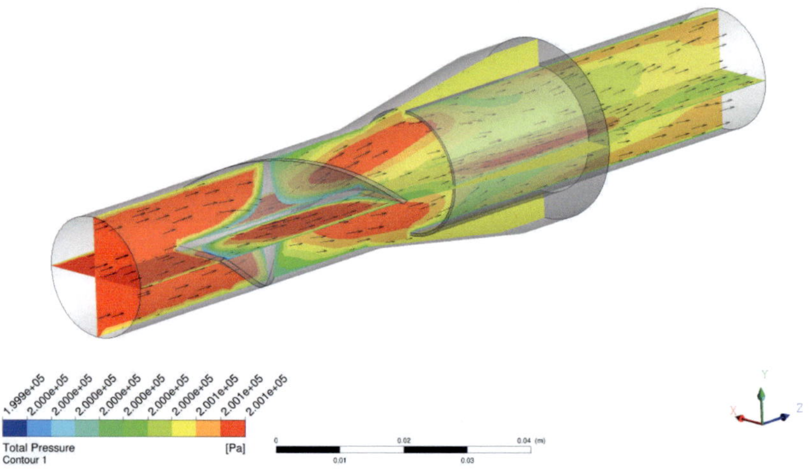

Abb. 5.2.: Ergebnis der Simulation der Strömung in dem Kondensatabscheider: Totaldruck

die geringe Baugröße und die zylindrische Bauform kann der Wasserabscheider in vorhandene Strömungswege des Brennstoffzellenaggregats integriert werden. Es bietet sich die Abscheidung unmittelbar vor dem Eintritt in den Brennstoffzellenstapel oder in für das Kondensat empfindliche Bauteile an, um die Strömungswege nach dem Abscheidevorgang möglichst gering zu halten, so dass die Kondensatbildung hinter dem Abscheider nach Möglichkeit ausgeschlossen werden kann.

6. Auswirkungen auf das Aggregat

Der Befeuchter und der Wasserabscheider tragen entscheidend zur Aufrechterhaltung des Wasserhaushalts des Brennstoffzellenaggregats bei. In den vorangegangenen Kapiteln 3 und 5 werden Bauarten und Abmessungen des Befeuchters und des Kondensatabscheiders vorgestellt. In diesem Kapitel werden die Auswirkungen der geometrischen und betrieblichen Eigenschaften der Komponenten auf die geometrischen und betrieblichen Eigenschaften des Brennstoffzellenaggregats dargestellt.

6.1. Bauraum

Der im Aggregat der Generation HyMotion4 eingesetzte Befeuchter zeichnet sich durch die effektive Baugröße von 4,9 l aus. Durch den Einsatz der in Kapitel 3 berechneten Baugrößen von Gegenstrom- und Kreuzstrom-Befeuchtern (vgl. Tabelle 3.9) wird der für den Befeuchter benötigte Bauraum um 93 % auf 0,33 l unter Einsatz des Kreuzstrom-Befeuchters und um 92 % auf 0,4 l unter Einsatz des Gegenstrom-Befeuchters reduziert. Der im Aggregat HyMotion4 eingesetzte Kondensatabscheider zeichnet sich durch die Baugröße von 0,32 l aus. Durch den Einsatz des in Kapitel 5 vorgestellten Kondensatabscheiders reduziert sich der benötigte Raumbedarf für den Kondensatabscheider um 83 % auf 0,05 l. Der benötigte Bauraum der den Wasserhaushalt regulierenden Komponenten Kondensatabscheider und Befeuchter wird durch den Einsatz der in den Kapiteln 3 und 5 berechneten Abmessungen um mehr als 90 % verringert.

6.2. Betriebsbedingungen

Das Regelorgan stellt den Betriebsdruck des Aggregats am Stapeleintritt ein, so dass sich der Strömungswiderstand der trockenen Seite des Befeuchters wesentlich auf die zusätzlich zum Betriebsdruck aufzuwendende Volumenänderungsarbeit, infolgedessen auf die Verdichterleistung und somit auf den Wirkungsgrad des Aggregats auswirkt. Der im Aggregat HyMotion4 eingesetzte Befeuchter weist für die charakteristische Betriebsweise des Brennstoffzellenstapels im HyMotion4 Aggregat bei der Stromstärke von 400 A eine Druckdifferenz von

350 mbar auf. Dies führt zu einer Gesamtdruckdifferenz des Aggregats von 460 mbar und der Aggregate-Wirkungsgrad beträgt 50 %.

Durch die in Kapitel 3 berechneten Strömungswiderstände der Befeuchter wird die sich einstellende Druckdifferenz der trockenen Seite unter Einsatz des Kreuzstrom Befeuchters mit der geringsten Baugröße von 0,18 l um 196 % auf 1038 mbar und unter Einsatz des Gegenstrom-Befeuchters mit einer Baugröße von 0,22 l um 46 % auf 512 mbar gesteigert. Daraus resultiert die Verringerung des Aggregatewirkungsgrads von 50,5 % auf 47,4 % bzw. 49,8 %.

Für die homogene Durchströmung der Befeuchter sind minimale Strömungswiderstände der Befeuchterkanäle erforderlich. Diese führen auf der trockenen Seite für den Kreuzstrom-Befeuchter zu 50 mbar und für den Gegenstrom Befeuchter zu 25 mbar Druckdifferenz. Mit dieser Vorgabe wird die Druckdifferenz um 86 % auf 50 mbar für den Kreuzstrom-Befeuchter und um 93 % auf 25 mbar für den Gegenstrom-Befeuchter reduziert. Daraus resultiert eine Wirkungsgradsteigerung von 50,5 % auf 51,8 % bzw. 51,9 %.

Der im Aggregat HyMotion4 eingesetzte Kondensatabscheider zeichnet sich durch den Strömungswiderstand aus, der für die charakteristische Betriebsweise des Brennstoffzellenstapels im HyMotion4-Aggregat bei der Stromstärke von 400 A in der Druckdifferenz von 7 mbar resultiert. Der in Kapitel 5 vorgestellte axiale Kondensatabscheider mit der geringeren Baugröße zeichnet sich ebenfalls durch einen Strömungswiderstand aus, der bei der Stromstärke von 400 A in der Druckdifferenz von 7 mbar resultiert, so dass keine betrieblichen Auswirkungen entstehen.

Die für den Austrag von Kondensat benötigte Druckdifferenz wird weiterhin durch die Ausrichtung der Brennstoffzellen im Gravitationsfeld der Erde beeinflusst. Die Wirkung der Schwerkraft resultiert in der Verringerung der benötigten Druckdifferenz von 1,60 mbar um 30 % auf 1,09 mbar. Diese Druckdifferenzen stellen sich unter Berücksichtigung der Betriebsbedingungen des HyMotion4-Aggregats bei dem vom Stapel abgegebenen elektrischen Strom von 60 A bzw. 41 A bei einer Wasserstoff Stöchiometriezahl von 1,5 ein. Bei geringeren Stromstärken wird sich bildendes Kondensat nicht ausgetragen und es beeinträchtigt möglicherweise die Wasserstoffversorgung und den Betrieb des Aggregats. Durch die Steigerung der Wasserstoff Stöchiometriezahl werden die erforderlichen Druckdifferenzen bei geringeren Stromstärken erreicht. Aufbauend auf der Abbildung 4.7 sind in der Abbildung 6.1 die benötigte Wasserstoff Stöchiometriezahl zusammen mit der durch die Strahlpumpe erreichten Wasserstoff Stöchiometriezahl über der von dem Stapel abgegebenen elektrischen Stromstärke aufgetragen. Für die horizontale Ausrichtung der Brennstoffzellen ist der Austrag des Kondensats in dem Lastbereich mit Stromstärken bis 80 A durch den mit der Strahlpumpe rezirkulierten Massenstrom nicht ausreichend, weil die erforderliche Druckdifferenz nicht erreicht wird. Der Lastbereich verringert sich auf Stromstärken bis 60 A mit der Verringerung der erforderlichen Druckdifferenz durch die Wirkung der Schwerkraft in Strömungsrichtung infolge der vertikalen Ausrichtung der Brennstoffzellen. Unterhalb dieser Stromstärken kann ein elektrisch angetriebenes Rezirkulationsgebläse die erforderlichen Wasserstoff Stöchiometriezahlen erzeugen, so dass die für den Kondensataustrag erforderliche Druckdifferenz erreicht wird.

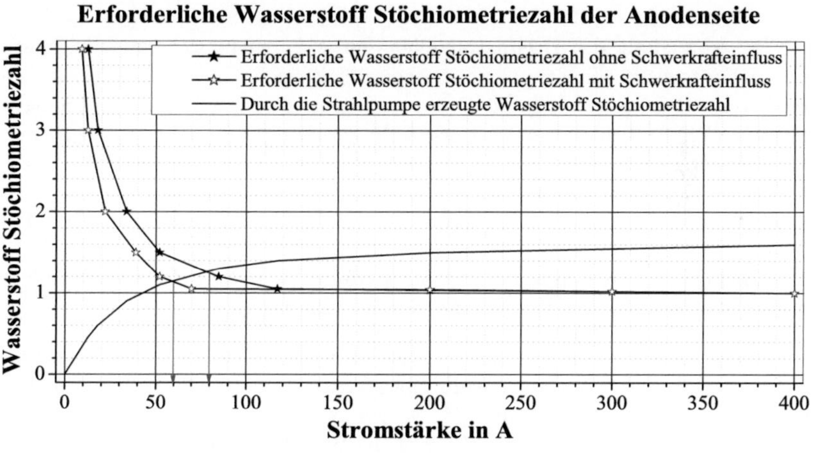

Abb. 6.1.: Für den Austrag von Kondensat erforderliche Wasserstoff Stöchiometriezahl: In dem Lastbereich mit Stromstärken unter 80 A wird die in horizontaler Lage der Brennstoffzellen erforderliche Druckdifferenz für den Austrag von Kondensat nicht erreicht. Die vertikale Ausrichtung der Zellen verringert die Stromstärke auf 60 A.

7. Zusammenfassung

Der Wasserhaushalt des Brennstoffzellenaggregats wirkt sich entscheidend auf die vom Brennstoffzellenstapel abgegebene elektrische Leistung und die Stabilität des Betriebs aus, weil die Protonenleitfähigkeit der Polymer-Elektrolyt-Membran (PEM) von ihrem Wassergehalt abhängig ist und Kondensat in den Gaswegen der Brennstoffzellen die Reaktion beeinträchtigt (vgl. Abschnitt 2.1.2). Das Thema der vorliegenden Arbeit ist die Optimierung des Wasserhaushalts des Brennstoffzellenaggregats HyMotion4 der Volkswagen AG mit dem Fokus auf der Versorgung der PEM mit Wasser, die der Membran-Befeuchter reguliert, dem Abführen von Kondensat aus den Strömungskanälen der Brennstoffzellen und dem Abscheiden von Kondensat aus der Gasströmung.

Der Membranbefeuchter separiert Wasserdampf aus der feuchten Abluft der Brennstoffzellen, um die Reaktionsluft mit Wasser anzureichern und den Brennstoffzellen die für die Aufrechterhaltung des Wassergehaltes der PEM benötigte Menge zu liefern (vgl. Abschnitt 2.2). Für die Berechnung der Menge des benötigten Wassers werden im Abschnitt 3.2 die charakteristischen Betriebsparameter des HyMotion4-Aggregats berücksichtigt und die Feuchtigkeit der Abluft mit 95 % vorgegeben, um die Kondensatbildung zu vermeiden.

Aus den Anforderungen an die Feuchtigkeit der Reaktionsluft werden in Abschnitt 3.3 durch Nutzung der Analogie zwischen Wärme- und Stoffaustausch die charakteristischen Übertragungsgleichungen angewendet, um die aufzuwendenden Membranflächen unter Annahme von Stoffdurchgangskoeffizienten für die Gegenstrom- und die Kreuzstromführung zu bestimmen. Der Stoffdurchgangskoeffizient setzt sich aus der Permeabilität der Membran für Wasser und den Transportwiderständen der Grenzschichten zusammen. Die Gleichstromführung kann den Anforderungen ab einer Betriebstemperatur von 70 °C nicht gerecht werden.

Für die Bestimmung der Permeabilität werden üblicherweise die Druckanstiegsmethode und die Überströmungsmethode unter Variation der Membrandicke angewendet. Nachteilig ist bei der Druckanstiegsmethode, dass keine gasseitigen Transportwiderstände berücksichtigt werden und bei der Überströmungsmethode, dass Membranen unterschiedlicher Dicke erforderlich sind. Um die Permeabilität und die Transportwiderstände der Grenzschichten zu bestimmen, wird im Abschnitt 3.4 eine Methode vorgestellt, die die Überströmungsmethode mit der CFD Strömungssimulation zur Berechnung der Transportwiderstände der Grenzschichten verbindet.

Mit der Überströmungsmethode werden Stoffdurchgangskoeffizienten unter Variation der Einflussgrößen Gasfeuchte, Gasgeschwindigkeit und Kanalhöhe experimentell ermittelt. Durch die Gleichstromführung wird erreicht, dass die Stoffdurchgangskoeffizienten für unterschiedliche Kanallängen lokal ausgewertet werden können.

Für diese Versuche werden CFD Strömungssimulationen durchgeführt, um die Stoffübergänge durch die Strömungsgrenzschichten zu berechnen. Von den gemessenen Stoffdurchgangskoeffizienten der Überströmungsversuche werden die mittels der CFD-Simulationen berechneten Stoffübergangswiderstänge abgezogen und so die Permeabilität durch die Membran berechnet und eine Funktion der Permeabilität in Abhängigkeit der Gasfeuchte entwickelt.

Für die analytische Lösung wird eine Gleichung zur Berechnung der Grenzschichtwiderstände unter Verwendung der SHERWOOD-Zahl vorgeschlagen und mit der entwickelten Funktion für die Permeabilität der Membran kombiniert, so dass die Stoffdurchgangskoeffizienten analytisch berechnet werden können.

Der Vergleich der mit den CFD-Simulationen und analytisch berechneten mit den experimentell bestimmten Stoffdurchgangskoeffizienten zeigt, dass die berechneten Ergebnisse innerhalb des Vertrauensbereichs der Messungen liegen. Innerhalb des untersuchten Parameterraums weichen die mit der SHERWOOD-Beziehung berechneten Stoffdurchgangskoeffizienten weniger als 25 % von den mit der CFD-Methode berechneten Werten ab (vgl. Abschnitt 3.5).

Die Kombination der Berechnungen der Anforderungen an die Reaktionsluft unter Berücksichtigung der charakteristischen Betriebsweise des Brennstoffzellenaggregats HyMotion4 mit den Gleichungen für die Stoffübertrager, der Näherungsfunktion zur Berechnung der Permeabilität und der analytischen Berechnung der Stoffdurchgangskoeffizienten liefert die benötigte Membranfläche in Abhängigkeit der Geometrieparameter Höhe und Länge der Kanäle zur Führung der Gase im Befeuchter. Aus der benötigten Membranfläche und den Abmessungen der Strömungskanäle wird die Baugröße des Befeuchters berechnet.

Durch die Anwendung der Druckverlustbeziehung nach Hagen-Poiseuille und der Poiseuille-Zahl zur Berücksichtigung des Strömungswiderstands von Kanälen (vgl. Anhang A) werden die sich zwischen dem Ein- und Auslass des Befeuchters einstellenden Druckdifferenzen berechnet. Die Bewertungskriterien Druckdifferenz und Baugröße werden in Abschnitt 3.6 unter Variation der Kanalhöhen und -längen für den Gegenstrom Befeuchter und unter Variation der Steghöhen und -längen für den Kreuzstrom Befeuchter ausgewertet. Für die gleichmäßige Verteilung der Strömung auf die Befeuchterkanäle durch die Verteilerstrukturen wird beim Gegenstrom Befeuchter bei 400 A elektrischer Stromstärke eine Druckdifferenz von 25 mbar benötigt. Unter diesen Randbedingungen ergibt sich die geringste Baugröße von 0,40 l bei einer Kanallänge von 0,05 m und einer Kanalhöhe von 0,30 mm. Weil beim Kreuzstrom Befeuchter konstruktiv bedingt keine Struktur zur Verteilung der Gase auf die Strömungskanäle nötig ist, ergibt sich bei einer Druckdifferenz von 50 mbar eine zum Gegenstrom Befeuchter vergleichbare Baugröße bei größerer benötigter Membranfläche. Die Baugröße wird 0,40 l bei einer Steglänge von 0,04 m und einer Steghöhe von 0,35 mm. In Abschnitt 3.7 werden die Bewertungskriterien Baugröße und Druckdifferenz durch die Berechnung der spezifischen Investitionskosten und der spezifischen Betriebskosten zu den spezifischen Gesamtkosten zusammengeführt. Es ergeben sich spezifische Gesamtkosten für den Gegenstrom Befeuchter von 2,08 Cent/km bzw. 0,92 Cent/km und für den Kreuzstrom Befeuchter von 5,20 Cent/km bzw. 1,43 Cent/km für die Produktion von 30000 bzw. 500000 Stück pro Jahr. Dadurch, dass beim Gegenstrom Befeuchter eine geringere Membranfläche und eine geringere Druckdifferenz benötigt werden, werden im Vergleich zum Kreuzstrom Befeuchter geringere Gesamtkosten berechnet.

Aufgrund von Lastwechselvorgängen, die Druckänderungen zur Folge haben, und ungleichmäßiger Versorgung der Brennstoffzellen im Stapel mit Reaktionsgasen kann sich Kondensat in den Brennstoffzellen bilden und die Reaktion beeinträchtigen. Im Kapitel 4 wird die für den Austrag eines Kondensattropfens, der einen der parallel verschalteten Strömungskanäle der Brennstoffzelle blockiert, benötigte Druckkraft berechnet. Es werden die experimentell bestimmten materialspezifischen Kontaktwinkel, die Aufschluss über die Oberflächenenergie liefern, vorgegeben. Die CFD-Simulationen unter Anwendung der Volume Of Fluid Methode ergeben, dass zum Austrag des Kondensattropfens die Druckdifferenz von 1,60 mbar erforderlich ist. Die Wirkung der Gravitationskraft beträgt mit 0,51 mbar 32 % der erforderlichen Druckdifferenz und kann diese auf 1,09 mbar verringern. Die Berechnungen der sich in dem Brennstoffzellenkanal unter Berücksichtigung der charakteristischen Betriebsweise des Aggregats HyMotion4 einstellenden Druckdifferenzen ergeben, dass die Reaktion von Wasserstoff auf der Anodenseite einen nicht zu vernachlässigenden Einfluss hat und bei der Berechnung der Druckdifferenz berücksichtigt werden muss. Auf der Kathodenseite stellt der aktiv betriebene Kompressor den Luftmassenstrom bereit, der ab der Stromstärke von 20 A den Austrag des Kondensats sicherstellt. Auf der Anodenseite sorgt die Strahlpumpe für die Rezirkulation des Anodenabgases und infolge dessen für die Wasserstoff Stöchiometriezahl. Der Vergleich der Wasserstoff Stöchiometriezahl, die eine für den Kondensataustrag ausreichende Druckdifferenz auf der Anodenseite sicherstellt, mit der durch die Strahlpumpe erzeugten Wasserstoff Stöchiometriezahl zeigt, dass bei horizontaler Ausrichtung der Brennstoffzellen ein Betrieb ab der von dem Stapel abgegebenen elektrischen Stromstärke von 80 A und bei vertikaler Ausrichtung unter Ausnutzung der Schwerkraftwirkung ab 60 A problemlos möglich ist.

Das aus den Brennstoffzellenkanälen der anodenseitigen Gasführung ausgetragene Kondensat wird in einem Kondensatabscheider abgeschieden, weil das Anodenabgas für die Rezirkulation verwendet wird. Um den Kondensatabscheider effizient bei geringer Baugröße und geringem Strömungswiderstand zu gestalten, wird in Kapitel 5 die Berechnung der Geometrie des axialen Abscheiders unter Verwendung der CFD-Methode unter Einsatz des Euler-Lagrange Partikelmodells vorgestellt. Der berechnete Kondensatabscheider lässt sich aufgrund der zylindrischen Bauform in vorhandene Strömungswege des Aggregats integrieren und zeichnet sich durch die Baugröße von 0,05 l, dem Gesamtabscheidegrad von 96 % und der durch den Strömungswiderstand entstehenden Druckdifferenz von 7 mbar bei der von dem Stapel abgegebenen elektrischen Stromstärke von 400 A aus.

Die Auswirkungen der Ergebnisse aus den Kapiteln 3 bis 5 auf das Aggregat sind im Kapitel 6 dargestellt. Durch den Einsatz der berechneten Bauteile reduziert sich der für den Kondensatabscheider und den Membranbefeuchter benötigte Bauraum von 5 l um 92 % auf 0,4 l. Durch den Einsatz des Gegenstrom Befeuchters wird der Aggregatewirkungsgrad aufgrund des geringeren Strömungswiderstands von 50 % auf 52 % bei der von dem Stapel abgegebenen elektrischen Stromstärke von 400 A gesteigert. Um die Beeinträchtigung des Kondensataustrags zu vermeiden, ist bei Beginn des Betriebsbereichs des Brennstoffzellenaggregats bei einer Stromstärke von 40 A die Wasserstoff Stöchiometriezahl der Wasserstoffversorgung 4,2 bei horizontaler Ausrichtung und 2,9 bei vertikaler Ausrichtung, bei der die Wirkung der Gravitationskraft den Austrag unterstützt, erforderlich.

Abkürzungs- und Symbolverzeichnis

Abkürzungen und Indizes

Symbol	Beschreibung
Agg	Aggregat
Exp	Experiment
f	Feuchte Seite
k	Stoffkomponente
log	Logarithmischer Mittelwert
m	Arithmetischer Mittelwert
N	Normzustand
Mem	Membran
Pr	PRANDTL-Zahl
Re	REYNOLDS-Zahl
Sc	SCHMIDT-Zahl
Sh	SHERWOOD-Zahl
Sim	Simulation
t	Trockene Seite
Verd	Verdichter

Lateinische Formelzeichen

Symbol	Einheit	Beschreibung
a	-	Aktivität
A	m^2	Fläche
an	1/a	Annuität
B_{H_2}	Euro	Wasserstoffpreis
c	-	Geometriefaktor (Poiseuille-Zahl)
c_1, c_2, c_3, c_4	-	SHERWOOD-Koeffizienten
c_{H_2O}	mol/m^3	Konzentration
d_h	m	hydraulischer Durchmesser
D	m^2/s	Diffusionskoeffizient
$D_{H_2O,Gas}$	m^2/s	Diffusionskoeffizient von Wasser in Luft

$D_{H_2O,Mem}$	m^2/s	Diffusionskoeffizient von Wasser in der Membran
h	J/kg	Thermische Energie
H_u	J/kg	Unterer Heizwert
H_{Kanal}	mm	Kanalhöhe
K_B	Cent/km	spezifische Betriebskosten
K_{Mem}	$Euro/m^2$	spezifische Membrankosten
K_{Fluss}	$Euro/m^2$	spezifische Flussfeldkosten
K_{Dicht}	Euro/Stück	spezifische Dichtungs- und Montagekosten
K_{H_2}	Euro/J	spezifische Wasserstoffkosten
K_I	Cent/km	spezifische Investitionskosten
k_1, k_2, k_3	-	Koeffizienten der Näherungsfunktion zur Bestimmung der Permeabilität
L	m	Länge
L_{Mem}	m	Länge der Strömungskanäle
La	km/a	Laufleistung des Brennstoffzellenfahrzeugs
M	Euro	Investition des Befeuchters
$\dot{n}$	mol/s	Stoffstrom
n	-	Anzahl
p	mbar	Druck
p_{H_2O}	mbar	Wasserpartialdruck
p_s	mbar	Sättigungsdampfdruck
P_1, P_2, P_3	-	Geometrieparameter
P_{Agg}	J/s	Elektrische Leistung des Aggregats
P_{H_2}	J/s	Leistung des Brennstoffstroms
P_{Verd}	J/s	Elektrische Verdichterleistung
Pe	$(m^3 \cdot m)/(m^2 \cdot Pa \cdot s)$	Permeabilität
$\dot{Q}$	W	Wärmestrom
r_{ideal}	m	Radius des Kondensattropfens bei idealer Kugelform
$\Re$	$J/(mol \cdot K)$	Universelle Gaskonstante
R_{ges}	s/m	Gesamter Transportwiderstand
R_{KGS}	s/m	Transportwiderstand durch die Konzentrationsgrenzschichten
R_{Mem}	s/m	Transportwiderstand der Membran
S_h	$J/(m^3 \cdot s)$	Quell-/Senkenterm für thermische Energie
S_{H_2O}	$kg/(s \cdot m^3)$	Quellen-/Senkenterm für die Stoffkomponente Wasser
S_{Imp}	$Kg(\cdot m/m^3 \cdot s)$	Quell-/Senkenterm für Impuls

t	s	Zeit
T	K	Temperatur
$v_{\mathrm{mol,N}}$	$\mathrm{m^3/mol}$	Molekulares Gasvolumens unter Normbedingungen
V	$\mathrm{m^3}$	Volumen
$\dot{V}$	$\mathrm{m^3/s}$	Volumenstrom
$\vec{w}$	m/s	Geschwindigkeit
$\bar{w}$	m/s	Mittlere Fluidgeschwindigkeit
w	km/h	Geschwindigkeit
w_{Fhz}	km/h	Fahrzeuggeschwindigkeit

Griechische Formelzeichen

Symbol	Einheit	Beschreibung
α	$\mathrm{m^3/m^3}$	Volumenanteil
β	m/s	Stoffübergangskoeffizient
β_{D}	m/s	Stoffdurchgangskoeffizient
δ_{KGS}	m	Hypothetische Dicke der Konzentrationsgrenzschicht
δ_{Mem}	m	Membrandicke
η_{Agg}	-	Aggregatewirkungsgrad
η_{Verd}	-	Verdichterwirkungsgrad
θ	$^\circ$	Kontaktwinkel
$\kappa_{\mathrm{H_2O,Mem}}$	$(\mathrm{m^2/(m^2 \cdot Pa)}$	Löslichkeit von Wasser in der Membran
λ_{Mem}	mol/mol	Wassergehalt der Membran
μ	$\mathrm{kg/(m \cdot s)}$	dynamische Viskosität
ρ	$\mathrm{g/m^3}$	Dichte
ϕ		Volumengemittelte Transportgröße
φ	%	relative Feuchtigkeit

Literaturverzeichnis

[aFW94] a.R. Da Costa, AG Fane, and D. Wiley. Spacer characterization and pressure drop modelling in spacer-filled channels for ultrafiltration. *Journal of Membrane Science*, 87(1-2):79–98, 1994.

[Age10] Agentur für Erneuerbare Energien e.V. (Hrsg.). *Erneuerbare energien 2020 potenzialatlas deutschland*. DMP-Berlin, 2010.

[Bak08] Richard W. Baker. *Membrane Technology and Applications*. McGraw-Hill, Padstow, 2 edition, 2008. ISBN 0071354409.

[BDH+09] T. Brandt, A. Datz, A. Hammerschmidt, S. Latzel, J. Lertsch, A. Mattejat, and W. Stühler. Patentschrift WO 2009/101036 A1: Humidification Cell, 2009.

[Ben10] Anne Bendzulla. Von der Komponente zum Stack : Entwicklung and Auslegung. *Schriften des Forschungszentrums Jülich Energie & Umwelt*, 69, 2010.

[BGK03] H.-J. Butt, K. Graf, and M. Kappl. *Physics and Chemistry of Interfaces*. John Wiley & Sons, Ltd., 2003. ISBN 3527404139.

[BHI+04a] G. Berger, G. Hinsenkamp, J. Intorp, P. Mangold, J. Schnetzler, S. Schnetzler, and W. Weger und N. Wiesheu. Patentschrift DE 10 2004 022 310 A1: Feuchtigkeitsaustauschmodul mit einem Bündel von für Feuchtigkeit durchlässigen Hohlfasermembranen, 2004.

[BHI+04b] G. Berger, G. Hinsenkamp, J. Intorp, P. Mangold, J. Schnetzler, S. Schnetzler, W. Weger, and N. Wiesheu. Patentschrift DE 10 2004 022 021 A1: Feuchtigkeitsaustauschmodul mit einem Bündel von für Feuchtigkeit durchlässigen Hohlfasermembranen, 2004.

[Ble09] Greg Blencoe. Cost of hydrogen from different sources, http://www.h2carblog.com/?p=461, 2009.

[Boh02] Willi Bohl. *Technische Strömungslehre*. Vogel Buchverlag, Würzburg, 2002. ISBN 3802318781.

[Bra71] Heinz Brauer. *Stoffaustausch*. Verlag Sauerländer, Aarau and Frankfurt am Main, 1971. ISBN 3794100085.

[Bra09] Torsten Brandt. Patentschrift EP 2 139 061 A1: Membranbefeuchterzelle and Brennstoffzelleneinrichtung dieselbe enthaltend, 2009.

[Bra12] Nils Brandau. *Analyse zur zellinternen Befeuchtung eines Polymerelektrolytmembran-Brennstoffzellenstapels.* Dissertation, TU Braunschweig, 2012.

[BS10] H.D. Baehr and K. Stephan. *Wärme- and Stoffübertragung.* Springer, Heidelberg; London; New York, 7 edition, 2010. ISBN 978-3-642-05500-3.

[BS13] R. Büttner and C. Stockburger. Brennstoffzellenautos: Die Wasserstoff-Offensive des Peter Ramsauer, 2013.

[BSL60] R.B. Bird, W. Steward, and E.N. Lightfoot. *Transport phenomena.* Wiley, New York, London, 1960. ISBN 0470115394.

[BSSRS13] T. Brown, L. Schell, S. Stephens-Romero, and S. Samuelsen. Economic analysis of near-term California hydrogen infrastructure. *International Journal of Hydrogen Energy*, 38(10):3846–3857, April 2013.

[Che06] VDI-Gesellschaft Verfahrenstechnik und Chemieingenieurwesen. *VDI-Wärmeatlas.* Springer, 2006. ISBN 3-540-25503-6.

[CKL03] S. Cleghorn, J. Kolde, and W. Liu. *Catalyst coated composite membranes*, volume 3. John Wiley & Sons, Ltd., volume 3: edition, 2003. ISBN 0-471-49926-9. 566–575 pp.

[CKS+05] E. Carlson, P. Kopf, J. Sinha, S. Sriramulu, and Y. Yang. Cost Analysis of PEM Fuel Cell Systems for Transportation Cost Analysis of PEM Fuel Cell Systems for Transportation. (December), 2005.

[CLP08] D. Chen, W. Li, and H. Peng. An experimental study and model validation of a membrane humidifier for PEM fuel cell humidification control. *Journal of Power Sources*, 180(1):461–467, 2008.

[Cor12] Emprise Corporation. Humidicore specifications. 2012.

[CP88] J. Chiou and D. Paul. Gas Permeation in a Dry Nafion Membrane. *Industrial and Engineering Chemistry Researc*, 27(11):2161–2164, 1988.

[CSQK11] G. Chen, C. Scholes, G. Qiao, and S. Kentish. Water vapor permeation in polyimide membranes. *Journal of Membrane Science*, 379 (1-2):479–487, September 2011.

[DLMD08] C. Dalet, O. Lottin, G. Maranzana, and M. Diny. Criteria for Characterizing the Performances of Fuel Cell Humidifiers: Theoretical Approach and Experimental Results. *ASME 2008 6th International Conference on Fuel Cell Science, Engineering and Technology*, pages 309–316, 2008.

[DWY+09] W. Dai, H. Wang, X. Yuan, J. Martin, D. Yang, J. Qiao, and J. Ma. A review on water balance in the membrane electrode assembly of proton exchange membrane fuel cells. *International Journal of Hydrogen Energy*, 34(23):9461–9478, 2009.

[EK12] H. Eichlseder and M. Klell. *Wasserstoff in der Fahrzeugtechnik*. Vieweg, 2012. ISBN 978-3-8348-9674-2.

[ELLW12] B. Epple, R. Leithner, W. Linzer, and H. Walter. *Simulation von Kraftwerken and Feuerungen*. Springer, 2012. ISBN 978-3-211-29695-0.

[Flu09] *ANSYS FLUENT 13.0 - Theory Guide*. 2009.

[GH99] Alan Gabelman and Sun-Tak Hwang. Hollow fiber membrane contactors. *Journal of Membrane Science*, 159(1-2):61–106, 1999.

[GH01] K. Goerner and K. Huebner. *Gasreinigung and Luftreinhaltung*. Springer Berlin, 2001. ISBN 978-3-540-42006-4.

[GMW81] T. Gierke, G. Munn, and F. Wilson. The morphology in nafion perfluorinated membrane products, as determined by wide- and small-angle x-ray studies. *Journal of Polymer Science: Polymer Physics Edition*, 19(11):1687–1704, November 1981.

[Goe91] Klaus Goerner. *Technische Verbrennungssysteme: Grundlagen, Modellbildung, Simulation*. Springer-Verlag, 1991. ISBN 3540539476.

[Got01] S. Gottesfeld. Electro-osmotic drag of water in poly(perfluorosulfonic acid) membranes. *Journal of the Electrochemical Society*, 148(1):A87——A93, 2001.

[GY12] B. Gim and Wang Lai Yoon. Analysis of the economy of scale and estimation of the future hydrogen production costs at on-site hydrogen refueling stations in Korea. *International Journal of Hydrogen Energy*, 37(24):19138–19145, December 2012.

[Hak06] Alexander Hakenjos. *Untersuchung zum Wasserhaushalt von Brennstoffzellen*. Dissertation, 2006.

[Han12] Victoria Hanke. *Optimierung eines Membranbefeuchters für ein PEM (Proton Exchange Membrane)-Brennstoffzellenaggregat*. Diplomarbeit, TU Braunschweig, 2012.

[Har02a] Herbert Hartnack. Patentschrift EP 1 435 121 A1: Befeuchtungszelle, 2002.

[Har02b] Herbert Hartnack. Patentschrift WO 03/030287 Fuel Cell Stack, 2002.

[HCKW12] J. Hwang, W. Chang, J. Kao, and W. Wu. Experimental study on performance of a planar membrane humidifier for a proton exchange membrane fuel cell stack. *Journal of Power Sources*, 215:69–76, 2012.

[HECL+03] D. Hofmann, M. Entrialgo-Castano, A. Lerbret, M. Heuchel, and Y. Yampolskii. Molecular Modeling Investigation of Free Volume Distributions in Stiff Chain Polymers with Conventional and Ultrahigh Free Volume: Comparison between Molecular Modeling and Positron Lifetime Studies. *Macromolecules*, 36(22):8528–8538, November 2003.

[Hei12] Harald Heinrich. *Betrachtung der thermodynamischen and systemseitigen Grenzen der Luftseite eines Brennstoffzellenaggregates.* Masterthesis, Technische Universität Clausthal, 2012.

[Hen04] Peter Hennicke. Globaler Klima -und Ressourcenschutz tut Not and lohnt sich. (November), 2004.

[HHY+02] D. Hofmann, M. Heuchel, Y. Yampolskii, V. Khotimskii, and V. Shantarovich. Free Volume Distributions in Ultrahigh and Lower Free Volume Polymers: Comparison between Molecular Modeling and Positron Lifetime Studies. *Macromolecules*, 35(6):2129–2140, 2002.

[Hir99] H. Hirschberg. *Handbuch Verfahrenstechnik and Anlagenbau.* Springer, Berlin, 1999. ISBN 9783540606239.

[HR66] R. Hanks and H. Ruo. Laminar-turbulent transition in ducts of rectangular cross section. *Industrial and Engineering Chemistry Fundamentals*, 5:558–568., 1966.

[(Hr09] Volkswagen AG (Hrsg.). Driving ideas. *Konzernnachhaltigkeitsbericht*, 3, 2009.

[Inc10] ANSYS Inc. *ANSYS CFX 13.0 - Theory Guide.* 2010.

[JGX+04] M. Jarrett, B. Gusler, T. Xiang, D. Clapper, and H. Baker. AADE-04-DF-HO-31 Improved Competence in Water Activity Measurement. pages 1–8, 2004.

[JWH09] L. Jia, X. Wang, and S. Huang. Droplets Turbulence Effect of Gas-Water Separator with Corrugated Plates. *Transactions Of Tianjin University*, (2005):440–445, 2009.

[KK11] B. Kim and M. Kim. Studies on the cathode humidification by exhaust gas recirculation for PEM fuel cell. *International Journal of Hydrogen Energy*, 37(5):4290–4299, 2011.

[Kol09] Nikolay Ivanov Kolev. *Multiphase Flow Dynamics 4*. Springer, Berlin, Heidelberg, 2009. ISBN 3540929177.

[KS96] W. KOROS and T. Shimidzu. Terminology for membranes and membrane processes. *Pure and Applied Chemistry*, 68(7):1479–1489, 1996.

[KS01a] T. Katagiri and K. Saitama. Patentschrift DE 101 02 358 A1: Befeuchter, 2001.

[KS01b] T. Katagiri and K. Saitama. Patentschrift DE 102 14 078 A1: Befeuchtungsmodul, 2001.

[LD03] J. Larminie and A. Dicks. *Fuel Cell Systems Explained.* Wiley, 2 edition, 2003. ISBN 978-0-470-84857-9.

[LFHM08] N. Li, A. Fane, W. Ho, and T. Matsuura. *Advanced Membrane Technology and Applications.* Wiley, New Jersey, 1 edition, 2008. ISBN 978-0-471-73167-2.

[LMR65] H. Lonsdale, U. Merten, and R. Riley. Transport properties of cellulose acetate osmotic membranes. *Journal of Applied Polymer Science*, 9(4):1341–1362, April 1965.

[Mat09] Carsten Herbert Matthias. *Membrantechnik im Peripheriebereich von Brennstoffzellenfahrzeugen.* Dissertation, RTWH Aachen, 2009.

[Mel07] Thomas Melin. *Membranverfahren - Grundlagen der Modul- and Anlagenauslegung.* Springer Berlin Heidelberg New York, New York, 2007. ISBN 3-540-00071-2.

[Mer86] Alfons Mersmann. *Stoffübertragung.* Springer, Berlin, Heidelberg, New York, 1986. ISBN 3540159207.

[MJL10] B. Mondal, K. Jiao, and X. Li. Three-dimensional simulation of water droplet movement in PEM fuel cell flow channels with hydrophilic surfaces. 2010.

[Moh12] Philipp Mohr. *Simulation der Bewegung von Flüssigwasser in Flussfeldern einer PEM-Brennstoffzelle.* Diplomarbeit, TU Braunschweig, 2012.

[MRME08] C. Monroe, T. Romero, W. Mérida, and M. Eikerling. A vaporization-exchange model for water sorption and flux in Nafion. *Journal of Membrane Science*, 324(1-2):1–6, 2008.

[Mul96] Marcel Mulder. *Basic Principles of Membrane Technology.* Kluwer Academic Publishers, Dordrecht, 2 edition, 1996. ISBN 0792342488.

[MVC12] F. Migliardini, O. Veneri, and P. Corbo. Interaction between membrane humidifier and air supply system for application of fuel cells in vehicles. *Journal of Industrial and Engineering Chemistry*, 2012.

[MVP$^+$05] S. Metz, W. Vandeven, J. Potreck, M. Mulder, and M. Wessling. Transport of water vapor and inert gas mixtures through highly selective and highly permeable polymer membranes. *Journal of Membrane Science*, 251(1-2):29–41, April 2005.

[Nat97] United Nations. Protokoll von Kyoto zum Rahmenübereinkommen der Vereinten Nationen üner Klimaänderung. 1997.

[NKH08] J. Nagumo, T. Katagiri, and Y. Hidaka. Patentschrift US 2008/0237902 A1: Humidifier, 2008.

[Nor99] Deutsche Norm. Din 1319-4. (0016), 1999.

[NP06] S. Nunes and K. Peinemann. *Membrane Technology in the Chemical Industry.* Wiley, Weinheim, 2 edition, 2006. ISBN 3-527-31316-8.

[OE06] Klaus Ohlrogge and Katrin (Hrsg.) Ebert. *Membranen.* Wiley, Weinheim, 2006. ISBN 3-527-30979-9.

[OK01] U. Oko and J. Kralick. Patent Nr. US 6284399: Fuel cell system having humidification membranes, 2001.

[PC05] S. Park and E. Cho. Characteristics of Membrane Humidifiers for Polymer Electrolyte Membrane Fuel Cells. *Korean Journal of Chemical Engineering*, 22(6):877–881, 2005.

[PDTP12] J. Pauls, F. Detlev, K. Thomas, and K. Peinemann. Gas permeation measurement under defined humidity via constant volume/variable pressure method. *Journal of Membrane Science*, 389:343–348, 2012.

[Pei03] Stefan Peil. Herstellung von Reinstwasser mit Hilfe eines kombinierten Elektrolyse-/Brennstoffzellenverfahrens. *Stand*, (34), 2003.

[PKSL00] C. Peck, D. Kim, C. Shin, and D. Lee. Water transport in polymer membranes for PEMFC. *Journal of Power Sources*, 86(1):197–201, 2000.

[PO09] S. Park and I. Oh. An analytical model of Nafion membrane humidifier for proton exchange membrane fuel cells. *Engineering*, 188: 498–501, 2009.

[Poe11] Michael Poegel. *Entwicklung eines Konzepts für die Medienverteilung in der Bipolarplatte einer PEM-Brennstoffzelle mit der CFD-Methode.* Diplomarbeit, TU Braunschweig, 2011.

[Rit99] Helmolt Rittmar. Patentschrift DE 19821766 C1: PEM-Brennstoffzellensystem mit Befeuchtung und/oder Kühlung mit flüssigem Medium, deren Verwendung sowie ein Verfahren zum Befeuchten and Kühlen eins solchen Systems, 1999.

[RM09] T. Romero and W. Mérida. Water transport in liquid and vapour equilibrated Nafion membranes. *Journal of Membrane Science*, 338 (1-2):135–144, August 2009.

[RRD11] Robert Bosch GmbH (Hrsg.), K. Reif, and K.-H. Dietsche. *Kraftfahrtechnisches Taschenbuch.* Vieweg+Teubner Verlag, 27 edition, 2011. ISBN 3834814407.

[RSD11] K. Ramya, J. Sreenivas, and K. Dhathathreyan. Study of a porous membrane humidification method in polymer electrolyte fuel cells. *International Journal of Hydrogen Energy*, 36(22):14866–14872, 2011.

[Rug03] Martin Dieter Ruge. *Entwicklung eines flüssigkeitsgekühlten Polymer-Elektrolyt-Membran- Brennstoffzellenstapels mit einer Leistung von 6,5 kW.* Dissertation, TU Braunschweig, 2003.

[Rum97] Werner Rummel. Patentschrift WO 97/33331: Brennstoffzelle mit interner Befeuchtung, 1997.

[Sch96] Ernst-Ulrich Schlünder. *Einführung in die Stoffübertragung.* Vieweg, Braunschweig/Wiesbaden, 1996. ISBN 3-52806669-5.

[Sch07] C. Schönfelder. *Optimierung von Luftversorgungseinheiten für Brennstoffzellensysteme in Fahrzeugantrieben.* Dissertation, RWTH AACHEN, 2007.

[SDB12] M. Sabharwal, C. Duelk, and D. Bhatia. Two-dimensional modeling of a cross flow plate and frame membrane humidifier for fuel cell applications. *Journal of Membrane Science*, 409-410:285–301, 2012.

[SG06] H. Schlichting and K. Gersten. *Grenzschicht-Theorie.* Springer, 2006. ISBN 3540230041.

[Sie06] Martin Siegert. *Berechnung von Löslichkeitskoeffizienten in Polymer-Materialien.* Dissertation, Freien Universität Berlin, 2006.

[SM99] D. Staschewski and Z. Mao. Hydrogen-air PEMFC operation with extraordinarily low gas pressures and internal humidification - conception and experimental prototype stack. *International Journal of Hydrogen Energy*, 24(6):543–548, 1999.

[SMM+11] A. Samimi, S. Mousavi, A. Moallemzadeh, R. Roostaazad, M. Hesampour, A. Pihlajamäki, and M. Mänttäri. Preparation and characterization of PES and PSU membrane humidifiers. *Journal of Membrane Science*, 383(1-2):197–205, 2011.

[Sol11] Nina Solbach. *Prototypenentwicklung eines Tröpfchenabscheiders für ein Brennstoffzellenaggregat unter Verwendung der CFD-Methode.* Diplomarbeit, TU Braunschweig, 2011.

[SS10] D. Strickland and J. Santiago. Journal of Power Sources. *Journal of Power Sources*, 195:1667–1675, 2010.

[Sta92] Eberhard Staude. *Membranen and Membranprozesse.* VCH, Weinheim, 1992. ISBN 3-527-28041-3.

[SZ03] W. Schindler and J. Zittel. Deplention of Oil. *Summer School Uni Salzburg*, 2003.

[SZG91] T. Springer, T. Zawodzinski, and S. Gottesfeld. Polymer Electrolyte Fuel Cell Model. *Journal of the Electrochemical Society*, 138(8): 2334–2342, 1991.

[Tra10] A. Traverso. Humidification tower for humid air gas turbine cycles: Experimental analysis. *Energy*, 35(2):894–901, 2010.

[VTVD08] G. Vasu, A. Tangirala, B. Viswanathan, and K. Dhathathreyan. Continuous bubble humidification and control of relative humidity of H 2 for a PEMFC system. *Fuel Cell*, 33:4640–4648, 2008.

[Wib08] Wolf Wibel. *Untersuchungen zu laminarer, transitioneller and turbulenter Strömung in rechteckigen Mikrokanälen.* Dissertation, Technischen Universität Dortmund, 2008.

[WSD08] E. Wang, P. Shi, and C. Du. Novel self-humidifying MEA with water transfer region for PEM fuel cells. *Fuel Cells Bulletin*, 2008 (1):12–16, 2008.

[WSS93] M. Watanabe, Y. Satoh, and C. Shimura. Management of the Water Content in Polymer Electrolyte Membranes with Porous Fiber Wicks. *Journal of the Electrochemical Society*, 140(11):3190–3193, 1993.

[WZH+10] D. Wilkinson, J. Zhang, R. Hui, J. Fergus, and X. Li. *Proton Exchange Membrane Fuel Cells - Materials Properties and Performance.* CRC Press, 2010.

[ZDR+93] T. Zawodzinski, A. Derouin, C. Radzinski, S. Sherman, R. Smith, T. Springer, T. Gottesfeld, and R. Shimshon. Water uptake by and transport through Nafion(R) 117 membranes. *Journal of the Electrochemical Society*, 140(4):1041–1047, 1993.

[Zha07] Li-Zhi Zhang. Heat and mass transfer in a cross-flow membrane-based enthalpy exchanger under naturally formed boundary conditions. *International Journal of Heat and Mass Transfer*, 50(1-2): 151–162, 2007.

[ZSD+93] T. Zawodzinski, T. Springer, J. Davey, R. Jestel, L. Cruz, V. Judith, and S. Gottesfeld. A Comparative Study of Water Uptake By and Transport Through Ionomeric Fuel Cell Membranes. 140(7), 1993.

A. Anhang

Tab. A.1.: Spezifikationen und Garantiefehlergrenzen der verwendeten Messsensoren und Regler

Messgröße	Hersteller/ Modellbezeichnung	Messbereich	Garantiefehlergrenze abs. v.E.	rel. v.M.
Feuchtigkeit	Rotronic/ HYGROCLIP IM 3	0 -100 %	±2,8 %	
Temperatur	Rotronic/ HYGROCLIP IM 3	40 - 125 °C	±0,3 %	
Massenstrom	Bronkhorst/ EL-FLOW F 20 1AC AGB 00V	0 - 20 l/min	±1%	±1%
Druck	i2s/ XKP 1290	0 - 4 bar	±0,5 %	

Tab. A.2.: Standardmessunsicherheiten der Messgrößen

Sensorname	Messgröße i	Standardunsicherheit $u(i)$	Einheit
Feuchtigkeit	φ	1,616	%
Temperatur	T	0,216	°C
Druck	p	11,547	mbar
Molenstrom N_2	$\dot{n}_{\mathrm{N_2}}$	$8,60 \cdot 10^{-5} + 2,15 \cdot 10^{-6} \cdot \dot{n}_{\mathrm{N_2}}$	mol/s
Molenstrom Luft	$\dot{n}_{\mathrm{Luft}}$	$8,59 \cdot 10^{-5} + 2,15 \cdot 10^{-6} \cdot \dot{n}_{\mathrm{Luft}}$	mol/s

TAB. A.3.: Die für die Bestimmung der Feinheit des Rechennetzes verwendeten Parametergrenzen und -schrittweiten

Höhe		Breite		Länge	
in m	Anzahl	in m	Anzahl	in m	Anzahl
$3{,}91 \cdot 10^{-6}$	128	$1{,}17 \cdot 10^{-5}$	128	$3{,}13 \cdot 10^{-5}$	2272
$7{,}81 \cdot 10^{-6}$	64	$2{,}34 \cdot 10^{-5}$	64	$6{,}25 \cdot 10^{-5}$	1136
$1{,}56 \cdot 10^{-5}$	32	$4{,}69 \cdot 10^{-5}$	32	$1{,}25 \cdot 10^{-4}$	568
$3{,}13 \cdot 10^{-5}$	16	$9{,}38 \cdot 10^{-5}$	16	$2{,}50 \cdot 10^{-4}$	284
$6{,}25 \cdot 10^{-5}$	8	$1{,}88 \cdot 10^{-4}$	8	$5{,}00 \cdot 10^{-4}$	142
$8{,}33 \cdot 10^{-5}$	6	$2{,}50 \cdot 10^{-4}$	6	$1{,}00 \cdot 10^{-3}$	71
$1{,}25 \cdot 10^{-4}$	4	$3{,}75 \cdot 10^{-4}$	4	$2{,}00 \cdot 10^{-3}$	35,5

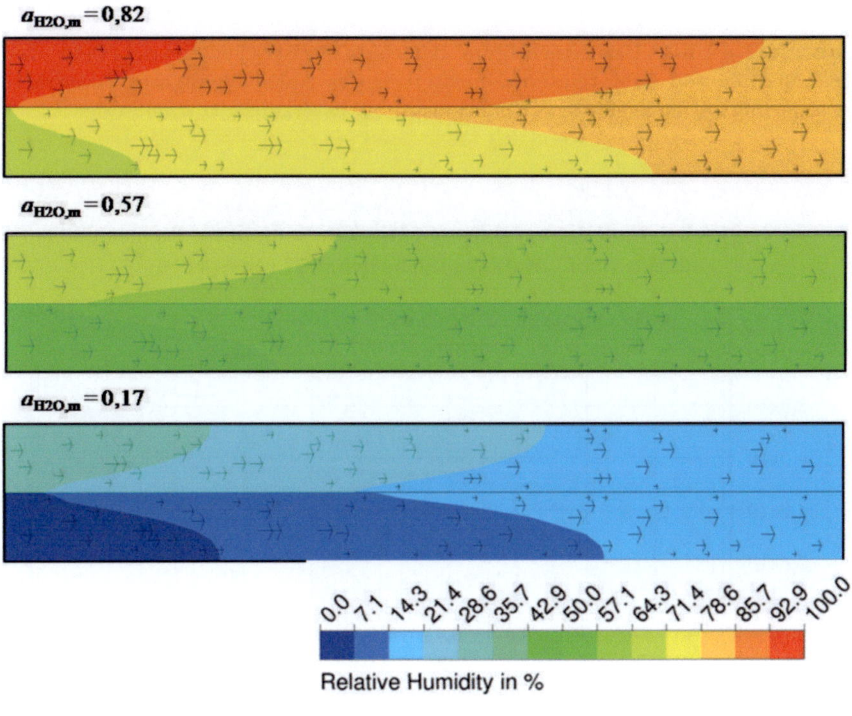

ABB. A.1.: Isokonturflächen der Feuchtigkeiten der CFD-Simulation zur Bestimmung der Permeabilität

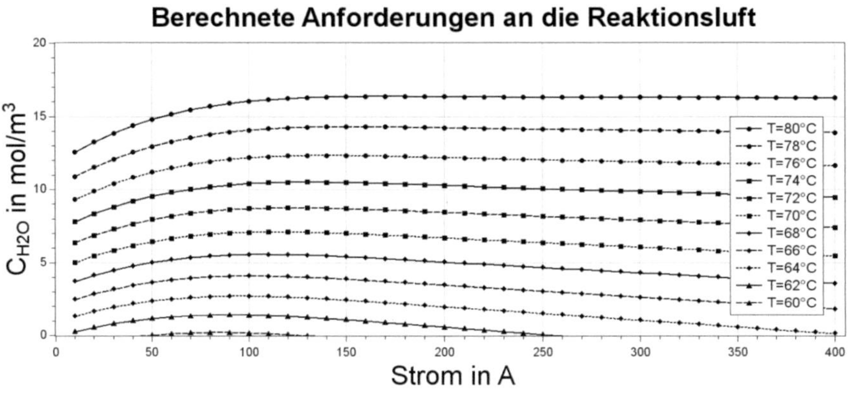

Abb. A.2.: Unter Berücksichtigung der charakteristischen Betriebsweise und der Annahme von 95 % relative Feuchtigkeit des Kathodenabgases berechnete Anforderung an die zugeführte Reaktionsluft: Wasserkonzentration in der Zuluft

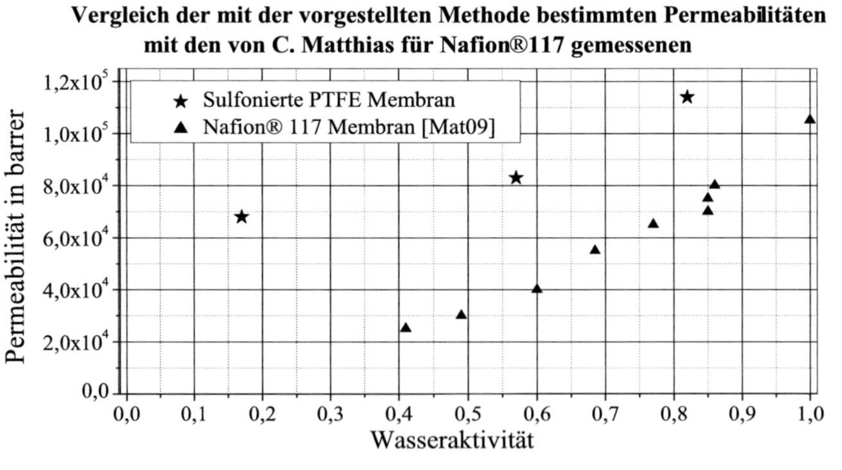

Abb. A.3.: Vergleich der mit der in Abschnitt 3.4 vorgestellten Methode bestimmten Permeabilitäten mit den von C. Matthias durch die Druckanstiegsmethode bestimmten Permeabilitäten für Nafion117 [Mat09]

TAB. A.4.: Für die Gegenstromführung verwendete SHERWOOD-Koeffizienten

$c_{1,\text{Gegen}} = 0,432$
$c_{2,\text{Gegen}} = 0,330$
$c_{3,\text{Gegen}} = 0,800$
$c_{4,\text{Gegen}} = 0,330$

TAB. A.5.: Für die Kreuzstromführung verwendete SHERWOOD-Koeffizienten

$c_{1,\text{Gegen}} = 0,830$
$c_{2,\text{Gegen}} = 0,770$
$c_{3,\text{Gegen}} = 0,800$
$c_{4,\text{Gegen}} = -0,5$

Der Strömungswiderstand, den die Befeuchterkanäle darstellen, resultiert bei der Durchströmung mit feuchtem und trockenem Gas aufgrund der viskosen Verluste in der Änderung des statischen Drucks. Der Austausch von Wasser über die Membran wirkt sich zusätzlich auf den statischen Druck aus. Bei der Berechnung der Differenz der statischen Drücke an den Ein- und den Auslassen der Kanäle der trockenen und der feuchten Befeuchterseite werden die analytische und die CFD-Methode mit experimentell bestimmten Ergebnissen verglichen. Das Modell zur Berechnung der Druckdifferenzen mit der CFD-Methode berücksichtigt den Wassertransport durch Quellen und Senken an den Membranoberflächen. Die Geometrie des Modells ist in der Abbildung A.4 a) dargestellt, die Verteilung des Druckes in Abbildung A.4 b), die Geschwindigkeit in Abbildung A.4 c) und die relative Feuchtigkeit in Abbildung A.4 d). Bei der analytischen Methode wird die Gleichung [Boh02]

$$\Delta p = \frac{c}{Re} \frac{L}{d_\text{h}} \frac{\rho}{2} \overline{w}^2 \tag{A.1}$$

angewendet, um die Druckdifferenz Δp unter Berücksichtigung des Geometriefaktors c, der REYNOLDS-Zahl Re, der Kanallänge L, dem hydraulischen Durchmesser d_h, der Dichte des strömenden Gases ρ und der über die Querschnittfläche gemittelten Strömungsgeschwindigkeit $\overline{w}$ zu berechnen. Der Geometriefaktor ergibt sich in Abhängigkeit von dem Höhen-Breiten-Verhältnis der Kanäle und wird der Literatur [Che06] entnommen. In den Diagrammen der Abbildungen A.5 sind die berechneten und die experimentell bestimmten Druckdifferenzen für die trockene Seite (A.5 a)) und für die feuchte Seite (A.5 b)) des Befeuchters in Gegenstromführung in Abhängigkeit der Strömungsgeschwindigkeit darstellt. Die

Zunahme der Druckdifferenz mit der Geschwindigkeit ist aufgrund der laminaren Strömung linear. Die mit der CFD-Methode bestimmten Werte liegen innerhalb

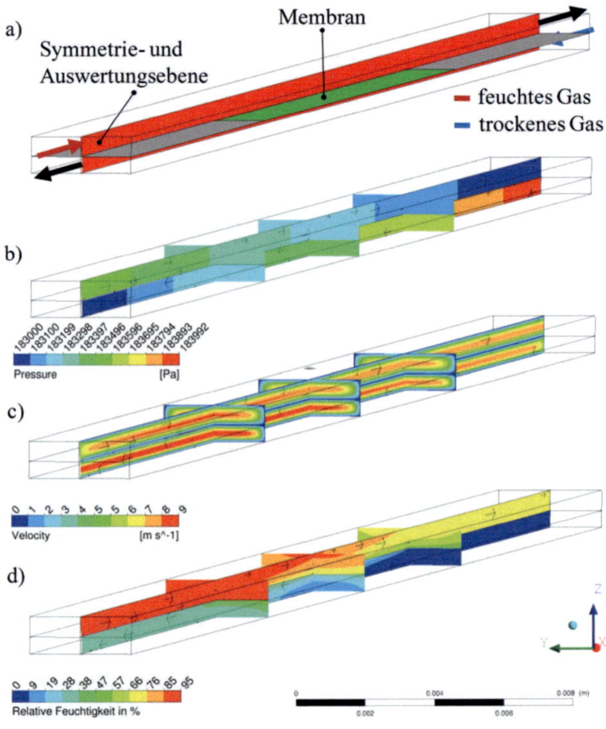

ABB. A.4.: Berechnung der Geschwindigkeit, des Drucks und der relativen Feuchtigkeit in einem Kanalpaar des Gegenstrombefeuchters: a) Rechenmodell b) Geschwindigkeit c) Druck und d) relative Feuchtigkeit für die Strömungsgeschwindigkeit 5 m/s

des Vertrauensbereichs der Messergebnisse. Weil die analytische Berechnung den Einfluss des Wassertransports durch die Membran nicht berücksichtigt, ist die berechnete Druckdifferenz für die trockene Seite geringer und für die feuchte Seite größer als die mit der CFD-Methode berechneten Werte. Die analytisch berechneten Druckverluste für die feuchte und die trockene Seite weichen für die Variation der Geometrieparameter und der Geschwindigkeit in dem in den Tabellen 3.4 und 3.6 untersuchten Parameteräumen und den in Tabellen 3.5 und 3.7 angegebenen Grenzen weniger als 30 % von den mit der CFD-Methode

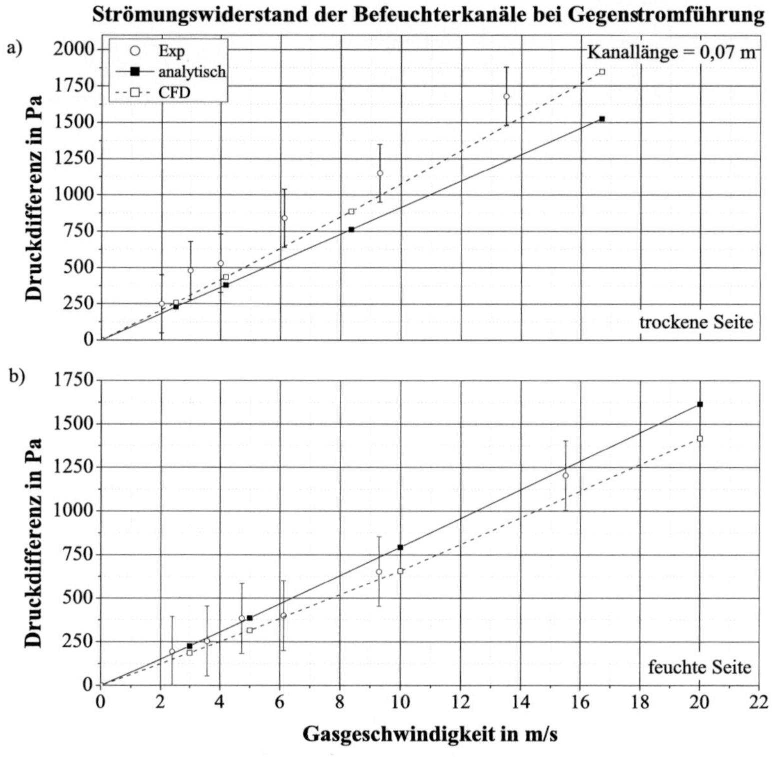

ABB. A.5.: Strömungswiderstand eines Kanals der a) trockenen und b) feuchten Befeuchterseite: analytisch und numerisch berechnete Ergebnisse im Vergleich mit den experimentell bestimmten Werten für die Differenz des statischen Drucks zwischen Ein- und Auslass der Strömungskanäle

berechneten Werten ab. Die Abweichungen resultieren maßgeblich daraus, dass der Wassertransport bei der analytischen Rechnung nicht berücksichtigt wird.

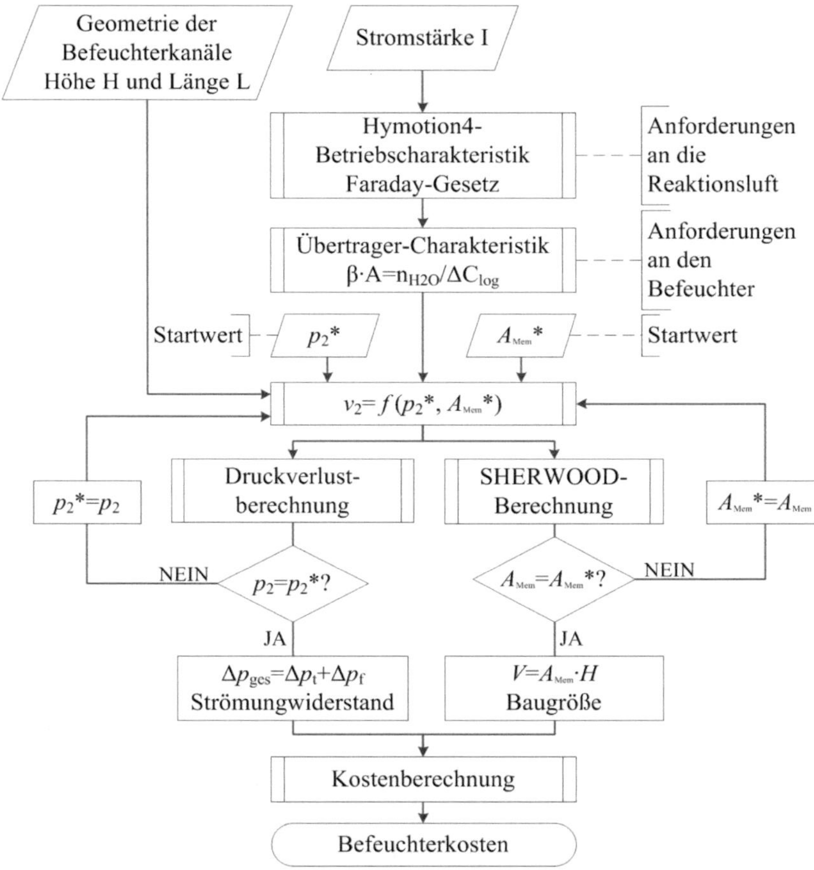

Abb. A.6.: Programmablaufplan zur Berechnung der Baugröße und der Druckdifferenz: Die Lösung erfolgt mit einem Excel-Programm

Durch sinnvoll getroffene geometrische Vereinfachungen können Rechen- und Zeitaufwand eingespart werden. Durch die CFD-Berechnungen wird der Einfluss von vier vereinfachten Flussfeldgeometrien bei Gegenstromführung auf den Stoffdurchgangskoeffizienten untersucht. Die vier geometrischen Rechenmodelle sind in der Abbildung A.7a) bis d) dargestellt. Das Flussfeld aus Abbildung A.7a) entspricht dem des Experiments mit Stegen und Kanälen. In b) werden die Kanäle berücksichtigt, die Stege werden vernachlässigt. Das Flussfeld aus Abbildung A.7c) zeichnet sich dadurch aus, dass das Flussfeld einseitig durchmischt ist. Der Fall, der am wenigsten Rechenaufwand erfordert, weil keine Kanalwände vorhanden sind, ist in Abbildung A.7d) dargestellt. Es entsteht die beidseitig durchmischte Strömungsführung. Die Ergebnisse der CFD-Rechnung sind als Isoflächen der relativen Feuchtigkeit in der Abbildung A.8 dargestellt. Die berechneten Stoffdurchgangskoeffizienten sind zusammen mit dem experimentell bestimmten Ergebnis in dem Diagramm der Abbildung A.9 dargestellt.

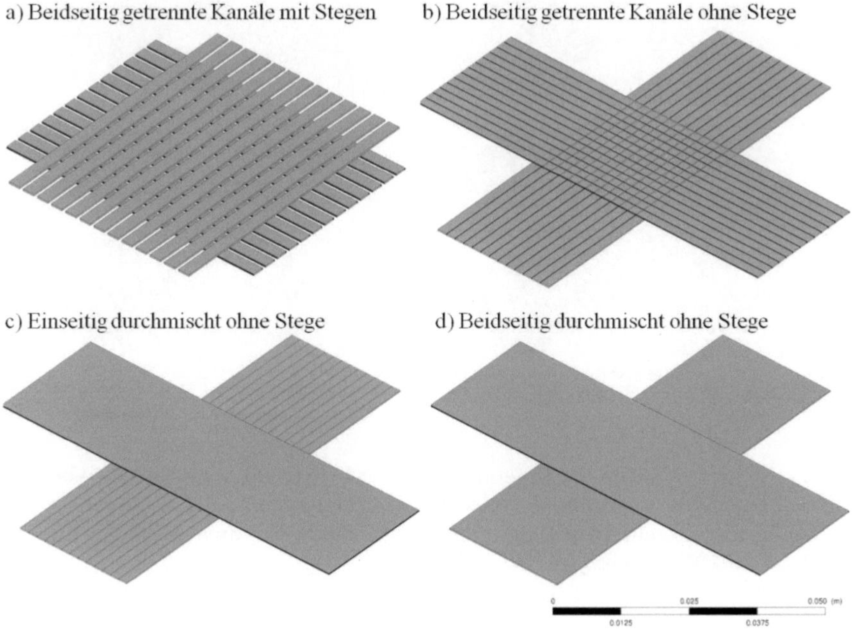

Abb. A.7.: Vergleich von geometrischen Rechenmodellen für die Kreuzstromführung. a) Kanäle mit Stegen, beidseitig ungemischt b) Kanäle ohne Stege, beidseitig ungemischt c) einseitig durchmischt d) beidseitig durchmischt

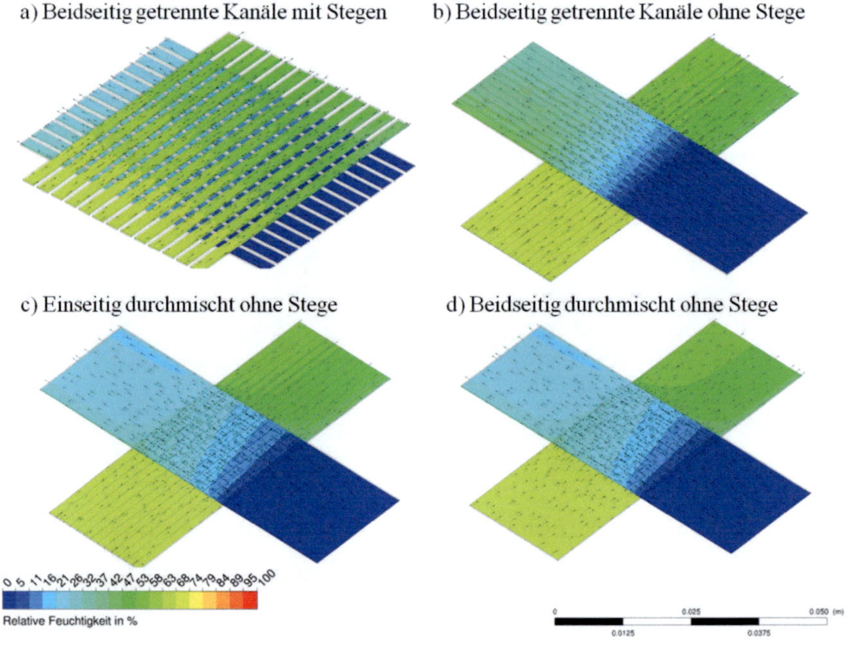

Abb. A.8.: Isoflächen als Ergebnisse der CFD-Simulationen für den Vergleich der Strömungsführungen des Kreuzstromstoffübertragers. a) Kanäle mit Stegen, beidseitig ungemischt b) Kanäle ohne Stege, beidseitig ungemischt c) einseitig durchmischt d) beidseitig durchmischt

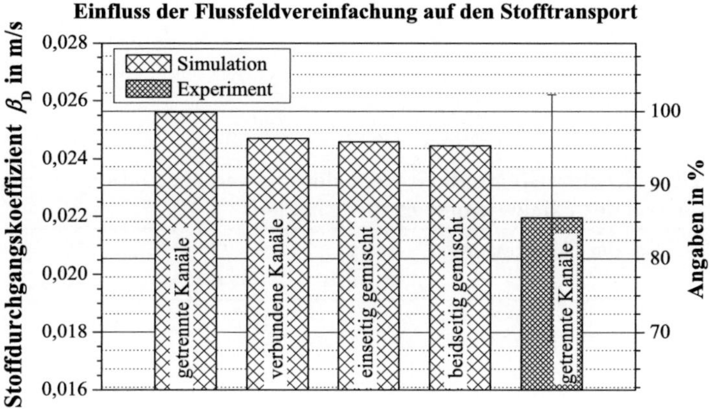

ABB. A.9.: Einfluss der gewählten Vereinfachung der Kreuzstromführung auf den berechneten Stoffdurchgangskoeffizienten

Das Diagramm aus Abbildung A.9 zeigt, dass der größte Stoffdurchgangskoeffizient mit 0,0256 m/s bei der im Experiment zum Einsatz kommende Flussfeldgeometrie mit Stegen und Kanalwänden berechnet wird, weil die Strömung unter den Stegen dazu beiträgt, dass die Grenzschichtdicke abnimmt. Unter den Stegen findet kein Stofftransport statt, so dass das Wasser in die Kernströmung diffundiert. Das Berechnungsergebnis liegt im Vertrauensbereich des experimentell bestimmten Ergebnisses. Für die vereinfachten Flussfeldgeometrien ergeben sich Abweichungen, die weniger als 5 % betragen.

Tab. A.6.: Schrittweiten und Grenzen der Parametervariation zur Berechnung der Geometrie des axialen Kondensatabscheiders

Nr. der Simulation	P_1 in mm	P_2 in mm	P_3 in mm
1	5	10	-10
2	15	10	-10
3	20	10	-10
4	5	25	-10
5	15	25	-10
6	20	25	-10
7	5	30	-10
8	15	30	-10
9	20	30	-10
10	5	10	0
11	15	10	0
12	20	10	0
13	5	25	0
14	15	25	0
15	20	25	0
16	5	30	0
17	15	30	0
18	20	30	0
19	5	10	10
20	15	10	10
21	20	10	10
22	5	25	10
23	15	25	10
24	20	25	10
25	5	30	10
26	1	30	10
27	20	30	10

TAB. A.7.: Berechnete Bewertungskriterien unter Variation der Geometrieparameter des Kondensatabscheiders

Nr. der Simulation	Δp_{total} in Pa	Gesamtabscheidegrad in %	Bauvolumen in l
2	253,75	90,355	0,0804
3	55,3281	87,315	0,0993
4	3163,7	93,749	0,0517
5	174,156	86,099	0,0799
6	116,313	80,705	0,0988
8	164,461	78,661	0,0798
9	45,1875	98,738	0,0986
10	601,484	96,907	0,0522
11	118,516	92,072	0,0804
12	119,594	94,832	0,0993
13	697	92,908	0,0517
14	49,6875	83,57	0,0799
15	133,359	80,467	0,0988
16	689,75	97,11	0,0515
17	4,17188	94,142	0,0798
18	129,391	76,056	0,0986
19	935,75	89,05	0,0522
20	123,641	91,618	0,0804
21	112,953	94,068	0,0993
22	1089,39	90,656	0,0517
24	157,984	79,679	0,0988
26	168,828	77,28	0,0798
27	104,172	72,158	0,0986